趣味矿物学

构筑了宇宙、地球与人类文明的石头的故事

[俄] 亚历山大·叶夫根尼耶维奇·费尔斯曼——著
石英——译

中国青年出版社

图书在版编目（CIP）数据

趣味矿物学 /（俄罗斯）费尔斯曼著；石英译．—3 版．— 北京：中国青年出版社，2024.1

ISBN 978-7-5153-6877-1

Ⅰ．①趣… Ⅱ．①费… ②石… Ⅲ．①矿物学—普及读物 Ⅳ．① P57-49

中国版本图书馆 CIP 数据核字 (2022) 第 252679 号

责任编辑：彭岩
出版发行：中国青年出版社
社　　址：北京市东城区东四十二条 21 号
网　　址：www.cyp.com.cn
编辑中心：010 – 57350407
营销中心：010 – 57350370
经　　销：新华书店
印　　刷：北京中科印刷有限公司
规　　格：700mm × 1000mm　1/16
印　　张：22.25
字　　数：300 千字
版　　次：2024 年 1 月北京第 3 版
印　　次：2024 年 1 月北京第 1 次印刷
定　　价：78.00 元

原序

难道矿物学也会有趣味的吗？它讲些什么东西呢？它里面有什么东西能够吸引好学的青年，能够使他们思索，而越来越想认识石头呢？

石头是自然界里没有生命的部分，譬如铺路的圆石子、普通的黏土、人行道上的石灰石、博物馆陈列橱里的宝石、工厂里的铁矿石和盐碟里的食盐等，都是矿物。我们知道，比方说，天文学是描述千百万个星体的新世界的，生物学是研究极其玄妙而又有趣的自然现象——生命的，物理学是讲述好多种耐人寻味的实验和“戏法”的，这几门科学都能告诉我们许多奇异的和神秘的现象，可是石头里面藏着什么奇异的、神秘的现象呢？

真的，拿几本普通的矿物学教科书和一般讲矿物学的书来看看吧。连高等学校的毕业生一提起这门科学也往往表示不喜欢。他们觉得矿物学十分枯燥，一讲就是一大堆名词和一长串地名；而讲晶体的那部分，因为它非常难学而且乏味，他们尤其讨厌。

尽管是这样，我在这本书里还是想肯定地告诉大家：矿物学是一门非常有趣的科学；死气沉沉的石头都曾经有过一段特殊的生命史；矿物学所研究的问题都很重要而且有趣，甚至讲生物的那几门科学恐怕也会自认不及。

再说，用矿物学作基础和根据矿物学的资料，可以创造惊人的技术，可以提炼金属，可以凿取建筑用的石材，可以制造各种盐—— 一句话，可以建立我们全部的农业和工业。

你们自己读下去就会知道，我在这本书里是不是已经达到这个目的，是不是已经把你们带到石头和晶体的世界里去了。

我是非常愿意把你们带进这个世界的，我希望你们开始关心山岭和采石场、矿山和矿场，希望你们开始收集成套的矿物标本，希望你们愿意跟我们一起走出城市，远远地走向江河，走到它那高耸的石头岸边，走到山峰或海边的悬崖上，到那些地方去敲击石头、采集沙砾或者炸下矿石。在那些地方，到处都可以找到我们要学习的东西；在死寂的岩石、沙砾和石块里，我们将学会怎样去看出构成宇宙的伟大的自然规律。

我预备把大自然中的情形写成一篇篇内容若断若续的小文章，也就是要像画家那样，在画全图以前，先要注意抓取大自然中若干最重要的方面，把它们画成几十张和几百张的草图和图片。然后由读者去根据自己的想象，把所有这些小文章拼合起来，形成一张全图。

但是，我相信这决不是每个读者都能做到的。我的话对于他们的说服力太小了，他们需要在一个更能干的画家的指导下，使自己的智力和思想能够朝着一定的方向发展。这个画家就是大自然本身。那么，你们读完这本书以后，就请到克里木、乌拉尔、卡累利阿、希比内苔原、伏尔加河岸或者第聂伯河沿岸去旅行一次，自己在石头、石头的谜和它的生命方面作一番思考吧。

我劝读者把这本书按顺序读下去，因为有时候必须先从前几章里得到一些认识才能理解后一部分的内容。但是千万不要一下子读完，而要慢慢地读。

这本书分成两部分，第一部分讲石头的世界，讲石头的性质和石头在大自然中各种复杂过程中生成的经过。第二部分是把读者带到两个截然不同的地方去：前一个地方是讲石头的奇迹，这些奇迹可以引发你的想象，可以使人产生说不尽的幻想；后一个地方是讲人的日常生活，讲人怎样把石头用在工业和农业上。其实，连我自己也不知道是哪一种情形更叫我感到惊奇：是石头具有变化无定的颜色，具有跟动植物相似的形状，会杂乱地堆聚成极大的堆，会显出漂亮而匀称的晶体线条，还是石头会在工厂巨大的熔炉里发生燃烧、熔化、挥发等神秘的变化，而人的创造性幻想，更能利用这些变化，从很难看的一种黑石头里提炼出闪亮的银子，从一种红色的矿石块里提炼出液态的水银，又能利用普普通通的黄铁矿制得很重的液态的硫酸呢?

很久很久以前，在中世纪时代，炼金术士在寂静的实验室里想把他们曲颈瓶里的水银变成金子，想从土里炼出仙丹，还想从黄铁矿里提出硫磺。假如今天我们把炼金术士带进我们的实验室和工厂，指给他们看一种绿色的镭矿石，和用这种矿石制得的一种“永远”发亮而且“永远”发热的镭盐，再让他们看看怎样用白色的矾土来制造一种极其漂亮的红宝石晶体，或制造一种银色的轻金属（我们造飞机用的铝），怎样从黄铁矿里提出性质特殊的硒，那么我想，炼金术士一定会承认：他们的幻想已经实现，人的才能甚至已经超过了他们的幻想。

然而这并不是说，在科学和技术上已经不存在没有解决的问题了。

大自然还远没有被人征服，照射在地球上的太阳光线中，每天要有千百万马力白白地被消耗掉；巨大的风力还没有得到利用；还有，人还摸不清离他们并不遥远的地下深处是什么情况。

人远没有征服自然力，还没有完全控制住自然力，所以人还需要多开动脑筋、坚定意志和掌握知识，好让自然力和所有自然界里的物质对于农业和工业都起到有益的和建设性的作用。

我希望读者能够把这份创造性的工作担当起来。如果读者读完了这本书而燃起了一种愿望，想去认识石头的世界和石头的用途，想在我们周围许许多多的问题方面下一番研究功夫，以便安排我们的新生活和建设我们的新文化，那么，哪怕他的这种愿望还不十分热烈，这本书也就算达到目的了。这本书只要引起了读者的兴趣，它就能够激起他的意志，增进他的毅力，使他渴望着去做研究工作，去追求知识。

在伟大卫国战争的年代里，因为武器的数量和质量在战场上都起到了巨大的作用，又因为苏联为了制造坦克和飞机曾使用了好多种元素，其中包括从各种矿石和矿物里提炼出来的稀有元素和非常稀有的元素，所以那时候人们对于矿物的兴趣和研究苏联地下宝藏的兴趣始终是很高的。

从那时候起，矿物学就不但成了一种有趣的，而且成了一门必不可少的重要的科学了。

在控制自然力和获得苏联地下所有矿物方面的努力，一定会进一步增加苏联的威力和威望，一定会给苏联人民带来更多的幸福。

所以我诚恳地请求每一位读者：不管是哪一种矿物，只要你们有它的“稀罕的”照片、图片和略图等，就请寄给苏联科学院矿物博物馆。我们要以共同的力量来使这本书具有新的内容，使它的内容更加完善，因为这本书是给我们新生的力量读的，是给我们值得骄傲的、幸福的第二代读的！

费尔斯曼

作者简介

亚历山大·叶夫根尼耶维奇·费尔斯曼（А.Е.Ферсман）是苏联一位才华横溢、知识渊博、思想敏锐、成就卓著的学者，是地球化学奠基人，杰出的矿物学家、地质学家，也是一位出类拔萃的科普作家，被人们称为“石头的诗人”。西方科学家称他为“伟大的俄罗斯地质学家们中最伟大的一个”。

费尔斯曼1883年11月8日生于圣彼得堡。这位科学家自幼喜欢有关石头的科学，中学毕业后就读于莫斯科大学，在大学毕业前即发表了5篇关于结晶学、化学和矿物学的论文，并荣获矿物学会安齐波夫金质奖章。

1907年，费尔斯曼毕业于莫斯科大学。这位青年科学家在27岁的时候被聘为矿物学教授。他于1912年开始讲授一门全新的课程——地球化学，这在科学史上还是第一次。

费尔斯曼在35岁时当选为苏联科学院院士，担任科学院博物馆馆长。

十月革命胜利之后，费尔斯曼坚决主张应重视自然资源对国家发展的重要性，特别是矿产资源。费尔斯曼亲自带领几个探险队赶往科拉半岛、中亚、阿尔泰、贝加尔、克里木等地区。这些活动取得了巨大的成就，在科拉半岛他发现了对人类社会具有重要意义的磷灰石矿和镍矿，在卡拉库姆沙漠他发现并研究了丰富的自然硫矿床。

费尔斯曼一生完成了《趣味矿物学》《趣味地球化学》等妙趣横生的科普读物，以及专著、文章和论文近1500篇。《趣味矿物学》和《趣味地球化学》是费尔斯曼的两部代表作，这两本书风靡全球，被人们公认为世界科普名著。书中以动人的语言、奇妙的素材和新颖的构思，深入浅出地向人们介绍了科学知识，而且以极大的感染力，引导并鼓舞全世界各地青少年走上了探索科学之路。费尔斯曼这些不朽的科普作品曾经并继续在人类科学发展进程中发挥着重要作用。

费尔斯曼因过度劳累于1945年5月20日不幸病逝，享年62岁。

奥布鲁切夫院士为他致悼词：

“很难相信，我们熟知的那个积极、活跃、乐观的亚历山大·叶夫根尼耶维奇·费尔斯曼院士去世了！如果说，一个杰出的科学家离开了我们是远远不够的——我们失去了一个伟大的男人，一个在工作和探索中不懈追求的人，一个有着广泛兴趣和无限潜力的天才，一位极富感染力的科学演说家和普及者……”

目录

第1章 大自然里和城市里的石头

第2章 没有生命的自然界是怎样构成的

第 7 章 给矿物爱好者

1
2
3
4
5
6
7
8
9

第1章 大自然里和城市里的石头

1.1 我的收集品

我刚 6 岁时就特别喜欢矿物。我们几个孩子每年夏天都到克里木去。克里木有一条辛菲罗波尔马路，我们就住在靠近那条马路的一所房子里，我们常常爬到那所房子附近的悬崖峭壁上去玩。这些悬崖峭壁上有几条水晶的矿脉。水晶这种石头像水那样透明，但是非常坚硬，很难把它凿碎，我费了很大的劲才用小刀把它从坚硬的岩石里剔出了几块。现在还记得，那时候我们几个孩子看见水晶的晶体，像琢磨过的宝石一样好看，真是说不尽的高兴，我们把它小心地包在棉花里，给它取名叫“小手风琴”。这种天然磨光的石块是我们亲自在悬崖峭壁上找到的，而老人们看见了，却总要怀疑这不是我们从山里找到的，而是经过人工琢磨的。我们听了总要扬扬自得地反驳他们。

我们继续进行“勘查”。有一次，在一所老房子房顶的一间小房子里，我们发现了一套矿物，上面满是灰尘。我们把那些矿物拿下来用水冲洗，用布擦干，然后欢天喜地地把它们拿来跟我们的水晶放在一起。我们发现，那些矿物里有几块是很普通的石头，并不漂亮，正是克里木山中常见的那种。那种常见的石头，我们起初都不采集，甚至不感兴趣，因为我们想：那都是些普通的石头，决比不上我们的水晶晶体。但是，那次我们却发现那些普通的石块上都贴着小小的号码。与那套矿物一起的还有一张单子，上面写着许多名字。记得，当时我们看到了那种情况是多么惊讶：原来连普通的石块也都有名字啊！原来这些东西也是我们应该收集的啊！于是，从那时候起，我们连那类普通石块也收集了。我们很快就看出，克里木各地的悬崖峭壁是多么不一样：有些岩石是软的、白的——石灰岩；有些是硬的、黑的。

这样，我们就慢慢地收集了一套矿物和石块。不久我们又买了几本讲石头的书来看。收集石块成了我们几个孩子生活中的一个项目。每年夏天，我们一有工夫就去找石块。我们住地附近不但有大山和悬崖峭壁，而且有几个很大的采石场（那里开出的石头都是供修路用的）。采石场里各种各样的石头多么奇怪、好玩啊：有些软得像皮肤，像纤维；有些是好看的透明晶体；有些显出光怪陆离的颜色，还带有条纹，看上去像丝织品或印花布！这类小的石块我们从采石场里运走了好几十千克。固然，这些石块的名字我们并不都说得出来，可我们还是能够把它们辨认清楚。

日子慢慢地过去了，跟我一起收集石块的小朋友都改变了兴趣，我就成了全部收集品的唯一的所有者。我的收集品一年比一年多。我觉得，在我的克里木故乡或者在敖德萨海岸已经没有什么石块可收集了。于是我就告诉我所有的熟人，请他们从俄国的各个地方给我弄些石块来；我每到熟人家去，只要看见他们的书架上或者书桌上放着漂亮的石块，我就非常喜欢，常常不客气地请他们把这些石块送给我。

后来我在国外一连住了好几年，使我获得了收集石块的新机会：我看见有些商店里陈列着小巧玲珑的小玻璃格子，里面摆着的石块都是一些闪亮的晶体，真是说不尽的好看。每块石头旁边都有一个小标签，上面不但写着这块石头的名字，还写着它的产地，标着售价。看来这些“宝贝”是出卖的啊！于是我的生活史开始了新的一页：我把所有闲钱都拿来买了石块。我回国的时候就把买来的这些石块小心地装在一个小箱子里带了回来，入境的时候我提心吊胆地把这个小箱子打开给海关人员检查，到了家我就把带回的石块跟我原先收集的石块合并放在一起。

我的收集品多起来了，不但增多，而且逐渐变成了真正的科学收集品。我给每一块石头附上一个标签，记上这种矿物的名字和发现的地

山峰相框匣，选自《落基山脉的遗产》，H.H. 塔门公司于 1894 年出版的商品邮寄目录。匣子仿摩洛哥风格，外部镶嵌着大量稀有矿物，有美丽的水晶、孔雀石、晶石、玛瑙等，都由专业匠人打磨。盒盖内部嵌有抛光的斜角镍质相框，可放置照片

方。我对于这个“大学”[1]已经有了一些认识。感觉骄傲的是：我不但会收集石块，而且说得出这些石块的名字了。

又过了许多年，我中学毕业了，大学也毕业了。我的收集品多达几千件。收集石块原是我童年的娱乐，现在却变成了一份科学工作。我小时候的兴趣只是收集石块来玩，现在玩的兴趣却转变成科学创造的兴趣了。

1. 这是一个比喻，指某一门知识，这里是指矿物学。——译者注

我已经不可能把那么多的收集品藏在家里。于是我把这些东西分成两部分：一部分是有科学价值的，我研究过了以后，就连同我在克里木收集到的矿物一齐送给了莫斯科大学；另一部分被很好地陈列在莫斯科的第一国民大学里，许多人到那里看了以后，对于讲石头的这门科学——矿物学都有了认识。

以上所讲的只是我个人的一段收集石块的历史。我当然没有很大的价值，但是，每一块石头对于收集者自己来说是多么有意思啊！收集者在悬崖峭壁的一个裂缝里无意中发现一些好看的矿石晶体，或在一堆山麓碎石中发现一些新的、从来没有见过的矿物，当时他是多么快活啊！

童年时代的那种娱乐决定了我的一生和我此后的工作：我不再替我个人渺小的收集工作打算了，我越来越关心怎样使国家的大博物馆保持全世界的荣誉；我也不再在家里用简陋的、粗糙的方法来辨认石头了，我要在规模宏大的科学院研究所里用科学的方法来做鉴定；我不再爬到公路旁边的悬崖峭壁上去了，我要到北极圈、中亚沙漠、乌拉尔荒林和帕米尔山麓等遥远的地方去作艰苦的探险。同时，讲石头的科学——矿物学也发展成了现代科学思想上的一个大的、重要的部分；它不但讲述地球上的种种石头和鉴定石头的方法，而且讲述石头有哪些成分，它是怎样生成的，它会有什么变化，人要求它在工作中和生活中起什么作用，人将怎样来使用它，等等。所以，寻找石块已经等于原料，等于寻找新的矿山，为寻找石头而努力也就等于为工业和新的经济事业而努力了！

1.2 在矿物博物馆里

我们到科学院矿物博物馆去吧。我们去过动物博物馆，那里的野兽和各种各样的甲虫都能引起我们的兴趣；我们也去过古生物陈列馆，那里有绝种的各种凶猛的动物的骨骼，有娇柔的海百合和变成了石头的贝壳，那些也使我们感到惊奇。从前，所有这些生物都会有过它们自己的一段生命史：它们活动过，吃过，发育过，彼此搏斗过，后来就死了。这个到处都有生活、生长和变化的世界是多么有趣啊！

可是铺在路上的大方块石头看上去是不起变化的，人行道上的石板、大量从产地运来建造房子的石块是没有生命的；既然石头是死的，所以你一想起它就感到枯燥无味。拿一堆平淡无奇粗糙的石块来看看吧，怎么也看不出它有什么引人入胜的地方——所有的石头都是死气沉沉的，单调乏味的。

尽管这样，我们还是到矿物博物馆去看一看吧：这个博物馆是在1935年从列宁格勒（今圣彼得堡）搬到莫斯科的，人们先在莫斯科造好新式的大楼，然后把圣彼得堡的陈列品装了47节车厢运来。现在这个博物馆里每年都要增加好几吨石块，都是从苏联各个地方运来的，但这里本来就有一批珍奇的石块，是200多年前彼得大帝下令从别处转交给这个博物馆陈列的。

当初，彼得大帝只注意收集稀罕的东西，也就是收集珍品。因为当时各国博物馆的惯例，只收藏稀奇而有价值的东西。

但是过了不久，天才的罗蒙诺索夫（M. B. Ло оносов）[1]（他一度担任

---

1. 米哈伊尔·瓦西里耶维奇·罗蒙诺索夫（1711～1765），是俄国科学家、哲学家。他的研究领域包括化学、物理学、矿物学、历史、艺术、语文学、光学设备等，是一个非常博学的人。由于他在俄国科学史上的诸多贡献，特别是质量守恒定律和对俄语语法的系统编辑，被誉为“俄国科学史上的彼得大帝”。

过矿物博物馆馆长）主张矿物博物馆不但应该收集各种珍奇的石块，而且应该把所有能够代表俄国富源的东西都弄些样品来放在陈列室里，这就是说，还应该收集各种矿石、宝石、有用的土壤和天然的颜料，等等。

罗蒙诺索夫请求俄罗斯帝国的每一个城市都收集各种各样的石块送给他。他提醒各城市：这件事情根本不需要多么大的费用，只要善于动员当地的儿童，他们自会到河边、湖边和海边去收集许许多多有趣的东西。

可惜，后来罗蒙诺索夫死了，这个光辉的倡议没有得到响应；现在必须旧话重提，在苏联全国广泛开展这件工作。

尽管罗蒙诺索夫的倡议没有得到响应，但是矿物博物馆在它存在的225年里还是积累了大量的宝藏。每运来一块石头都要加以鉴定，记在大册子里和小卡片上，石块上也要贴上号码。所以，不论谁想知道某个地方出产哪些矿物，譬如，沃伦河畔的日托米尔附近、克里木的山里或者莫斯科近郊都有些什么矿产，他只要翻看一下卡片目录就能知道它们的名字，并且在陈列室里看到它们的样品。

我们穿过了文化休憩公园里绿茵茵的花园，走进了苏联科学院矿物博物馆的豪华的大楼。这个博物馆的大厅所占的面积是1000平方米，里面摆着苏联地下各种宝藏的样品，也就是苏联进行建设的原料。

有几个玻璃格子里孤零零地放着好些块黑色无定型的东西。这些东西里有一部分像纯净的铁，另一部分带着一些小黄点，其实也不过是些暗灰色的石块。看，这一大块铁，重250千克，它旁边写着“1916年10月18日落在西伯利亚的尼古拉—乌苏里城附近”。还有一些石块上也写着它们落下的时间和地点。这间大屋子里的石块都是从天上掉下来的，就是所谓的陨石。这类石块当初都像闪亮的小星星，从不可思议的宇宙太空朝我们飞来，穿透地球外围的空气落在地面上，有时还陷在地里很深。看，这个陈列橱里就摆的完全是这类黑色的小石块。那都是在1868年冬天，像一阵雨似的掉在以前的沃姆扎州的地面上的，那次掉下了差

巨大的铁陨石
这两块都是在 1916 年 10 月 18 日掉下来的，它们掉下的地点相距很远。
费尔斯曼矿物博物馆藏

不多十万块。那个陈列橱里的东西更奇怪：都是些铁块。再看下去就是暗色的细灰尘，还有像冰雹那样大的黑色的石块，还有透明得像玻璃的陨石。所有这些本来都不是地球上的东西，它们在离地球很远的地方运动着，后来朝地球掉下来，掉到地面以后，就受水和空气的作用而起变化。

我们接着又看了一些陈列橱，上面都有很清楚的说明，这里的隔板上放的是不同颜色和不同形状的矿物。这些矿物都是天然的颜料，看了就能知道它们真是多种多样：有些像闪亮的金属，会发出金和银的光泽；有些像水那样洁净透明；又有一些有虹的各种色彩，仿佛它们的内部有一种特殊的光源似的。

明媚的阳光透过窗户照射在许多石块上，使这些石块都闪亮起来。有些陈列橱里太暗，便开了电灯，于是，天蓝色的和酒黄色的黄玉都闪闪发光；黄玉的样子很奇怪，像是用小刀切过和琢磨过似的；同时，像水一样透明的海蓝宝石和绿柱石也都发出光来。我们在这里读到了许多从未听说过的名字，每一个名字旁边还写着发现这种石头的地名。博物馆的向导员领我们这些参观的人到一个陈列橱跟前，讲解说：

我们这个博物馆里的陈列品陈列得都非常别致。我们不想只让你们看到各种各样的石块，我们还想在这个博物馆里证明给大家看：每一种石头都是极其多样的，石头也有自己的生命史。石头的生命史甚至比生物的生命史更有趣味。

请看这一组石块，它们的形状虽然互不相同，名字却只有一个——“石英”，但是它们的明亮程度、色泽、形状和发光的情形差得多么远啊！你们甚至会说，这一块石英跟旁边陈列橱里写着“萤石”的那一块石头比较相像。你们看不出这块石英跟电灯照着的那个陈列橱里闪烁发光的金刚石有什么区别，是不是？现在我就来给你们讲讲，为什么会有这么多样的石英吧。这个橱里的石英，不是按照种别，而是按照它们在自然界里出现的形状和产生的条件来陈列的。要知道石头也有它产生的条件。譬如这些石英，是由当年地下深处温度高达1000℃以上的熔化物变成的；那些石英当初是熔解在炽热的泉水里面的；还有那些石英，它们在贝壳里闪着亮光，都是很有规则的晶体，那是在地面上当着我们的面生成的。所有这些石英的每一块都有它的一种特殊的面貌，跟其他的石英块没有相似的地方。如果说，通过石英这个例子你们知道了石头产生的条件有多么大的区别，那么，再看那个闪着铅的光泽的陈列橱你们

费尔斯曼矿物博物馆 2016 年的主要展览。
1956 年，科学院矿物博物馆更名为费尔斯曼矿物博物馆

还会明白：各种石头和矿物产生以后的历史也有极大的区别——它们会起变化，会被破坏，仿佛是死去一样。

我们接着来到大厅的另一部分，看到了多种多样的矿物的历史。这里有些很好看的石块，它们都是依照自然规律生成的晶体。其中有些是从地下深处窄小的孔口里生出来，逐渐长成大颗闪亮的晶体的；有些是实验室里用人工的方法制造出来的；还有一些是在工厂的大桶里制得的。看，这些晶体多么奇怪，有的像植物似的分了枝，有的像长而细的针和棉纱似的细线，有的像毛茸茸的棉花团，有的又像普通的玻璃。

这些晶体的旁边还摆着一些不定型的、形状不规则的石块，很像嘴里含过的糖。它们是受到了侵蚀的黄玉和海蓝宝石。不知什么东西把它们溶解了，破坏了，腐蚀了，看来，它们仿佛很快就要消失了。

在一个大的陈列橱的旁边并放着许多根很长的白管子，看上去又像帷幕，又像漏斗里漏下来的东西，又像柱子——原来是从克里木的山洞里开采出来的钟乳石。

看，这排钟乳石是 10 年当中在彼得宫城的地下室里长出来的，那些钟乳石柱是在涅瓦河的基洛夫桥底下长成的——它们怎样在它们出生的地方逐渐长大起来，是人们亲眼看到的。

克里木山洞里的钟乳石柱

再看下去是一些小巧玲珑的东西，其中有花束，还有一个大鸟巢，巢里有许多蛋；所有这些东西的外面都包着厚厚的一层石头，这种石头，每年总有一连几个月包在一切浸在温泉里的物体外面。

再往下看就是化石。我们知道，化石在当初都是动物和植物，都是活物质，它们死了以后又过了很长时间才变成了石头。

可见石头也是有它自己的生命史的，只不过它的生命很特别，很复杂，很难了解罢了。

我们再到博物馆里的其他地方看看去。

博物馆的墙上到处挂着照片和地图，此外还有山脉、沙漠、矿山等大张的挂图，靠墙的窄橱里陈列着多种多样的石块和矿物。

我们在这里所看到的，都不是用人工方法从自然界里取出来的样品，而是它在自然环境里的原样：它在自然环境里跟其他的石头在一起，它的历史跟自然界的全部生活都有连带关系，跟它面上的土壤也有关系，跟使它起变化的气候也有关系，跟当地的植物以及人和其他动物的生活也都有关系。这些石头的陈列法，正好说明了这些关系。

我们首先看见的是石头生成的种种条件。有一类石头是从炽热的熔化物里产生的：大堆的熔化物像熔岩那样从深不可测的地底下往上升，顺着地下的裂缝钻进地壳，里面还夹带着火热的气体和水蒸气，升上来以后就慢慢冷却而凝成固体，好多种的矿物最初就是这样生成的。

石灰华梯田

位于美国怀俄明州黄石国家公园猛犸温泉。白色的石灰华上有多孔的海绵状结构，多出现在温泉地区，由碳酸钙沉积而成

另一类矿物是从炽热的泉水和温泉里产生的。地球表面上有许多地方都涌出这类温泉，它们慢慢冷却时，就有贵重的重金属矿石或美丽的、纯净的晶体成堆地沉淀出来。所以这一类石头不是在火里产生，而是在水里产生的。

最后，还有一类石头是在地球表面上产生的：有的产在盐湖里，那就是天热的时候沉在湖底的盐；有的产在山洞里，那就是石灰水滴下滴而生成的大小不同的钟乳石柱；有的产在沼泽里，那就是植物逐渐腐烂而变成的石头。

这里的每一块石头都不是作为一种独立的、跟环境隔绝的东西而陈列的，而是和它周围的物件一道陈列的，也就是摆在它的活生生的自然

针状钠沸石
一种在熔岩流的空隙里生成的矿物。产自印度

环境里面的。

这就是石头的整个世界！

石头的历史就在我们中间一步步地向前演进着。只因为石头变化得太慢，所以我们也就把它当作自然界里没有生命的部分了。

这里陈列着的东西是石头在自然界里的历史，我们已经都看过了。现在我们去看博物馆的最后两个部分，看看石头到了人的手里就起什么变化，看看人怎样把它利用在农业上和工业上。

我们首先看见的是玻璃工业、陶瓷工业、搪瓷工业和冶金业等经济部门需用的石头。我们在这里看见了人手里的和工厂里用的各种石头的例子。石头在人的现代工业生活中变成一种全新的东西了。它在人手里比在自然界里死亡得快得多。从天体上掉下来的石块也罢，工厂里的石块也罢，不管它在什么地方，它都是在生活着和变化着，生长着和死亡着。所以，矿物学绝不是什么死板、乏味的东西，因为这门科学所要寻找和研究的就是石头的生命史的规律。

1.3 到山里去找石头

我们周围的景色很单调，没有石头，到处都是黏土和沙子；即使在河流两岸找到一些石头，那些石头也都没有什么花样，提不起我们的兴趣。

我们要到山里找石头去：山里有的地方有悬崖峭壁和岩屑，有的地方有溪流汹涌地流过石质的河床，有的地方有湖被圈在断崖绝壁和成堆的石块当中，闪着蓝光，我们就到这些地方去走走吧。

我们一群人里，有老的，有小的，都带着锤子、背包、罐头和水壶，高高兴兴地从列宁格勒坐火车出发了。这条铁路叫基洛夫斯克铁路，是通到希比内[1]去的；希比内这个地方是一个名副其实的矿物“天府之国”，但在不久以前还是一片荒野，是“鸟不惊飞”的地方，经过基洛夫开发以后才繁荣起来的。

希比内是一个山地，有1000多米高；它的位置是在苏联遥远的西北部，在北极圈里。这里有荒凉的山谷和好几百米高的断崖，往往令人望而生畏。这里往往半夜还能看见太阳，而耀眼的阳光每年总要一连几个月照射着高山上终年积雪的地方。这里在昏暗的秋夜可以看到奇幻的北极光：它常常像一些发着紫红色光芒的帷幕垂在北极的森林、湖泊和山脉等上空。最后，在矿物学家看来，科学上还有一连串问题集中在这里，因为他们一来到这里，就想起苏联北部那一大片花岗岩地盾[2]在遥远的地质年代里如何生成的问题，而这个问题包括许多没有解决的谜，是很能引起人们思考的。

---

1. 希比内地区位于俄罗斯极北摩尔曼斯克州的科拉半岛。科拉半岛表面有极丰富的矿石及矿物质，包括磷灰石、铝资源、铁矿石、云母、陶瓷原料、钛矿、金云母和蛭石，以及其他稀有的有色金属等。

2. 地盾就是在遥远的地质年代里生成的陆地，一译古陆。——译者注

霓石，产自马拉维共和国

柱星叶石，产自美国加利福尼亚

萤石，产自摩洛哥

榍石，产自巴基斯坦

这里是一片单调的、索然无味的影像，这里的悬崖峭壁当中，长满了各种平淡无奇的地衣和苔藓植物，但这里却蕴藏着各种各样稀罕的矿物，其中有：血红色的或樱桃色的石头，碧绿的霓石，紫色的萤石，像凝固的血那样暗红的柱星叶石，金黄色的榍石……地球的这一角落是这样色彩艳丽、光怪陆离，真叫我无法描写。

我们浑身上下都武装了起来（我们带的不是武器，而是进行科学勘探的用具：帐篷、锅、罐头、气压计、锤子、望远镜、凿子等），然后才慢慢离开希比内车站向山里走去。山峰一个接着一个过去，山谷狭窄

希比内地区山地的景色

起来了，但是我们还能隐约看见森林的一边有一条杂草丛生的小路。我们在一条河的上游搭了帐篷，那个地方紧靠着森林地带，周围都是云杉。帐篷里又闷又热，成群的蚊虫包围着我们——我们既然到了苏联的极北地带，夏天就免不了要受蚊虫的袭击。因此，我们得用蚊网护头，还要戴好手套。天大亮了，荒凉而陡峭的山峰上已经在闪烁红光，可是看看时针——才不过夜里两点。

一到白天，天气就变得热起来，热得跟在苏联南方完全一样。看上去到处是一个个矗立的山峰，至于深的山谷，四周却一个也没有；只有往左看，才看见悬崖的顶上像有一个小的裂口，里面存在积雪。

成群的蚊子还在围着我们转；我们这些人分成了三个小队，就在太阳晒得极热的时候，爬到几千米高的山上找石头去了。

我们这个小队费了好大的劲往上爬了一整天，战胜了多少悬崖峭壁，踏过了多少碎石坡地，最后才到达山顶。白天山谷的气温是24℃（在背阴的地方），我们都喘不过气来，而入夜以后山顶上却刮起冷风来，气温只有4℃。太阳消失在地平线下的时间一天至多只有半小时。我们走近山顶靠北的边缘一看，脚底下简直是一条竖直的墙壁，高450米。但是我们看了这个数字还丝毫想象不出这个断崖究竟有多高：在圣彼得堡市内找20所高大的房子一所所地叠起来，或者把四个半圣以撒大教堂博物馆一个个地叠起来，才有这个断崖那么高。这个断崖的下面有一个好大的冰斗，冰斗里有许多昏暗的、发黑的湖泊；白色的大冰块在湖面上漂浮着；巨大的雪块覆盖着一个个悬崖，又从悬崖上垂下来，像吐出舌头似的从悬崖往下爬到冰斗里去，这就是没有形成的冰川。我们的眼睛简直离不开这个景色！忽然，我们发现，在远处明净的天空里出现了五个人影。人影出现在高山的天空背景里特别清楚，而且显得非常高大，但这我们早已见惯了。很快我们又听到了这几个人的声音。

没多久，声音和人影都来到了近边，原来我们三个小队差不多在同一个时间都到达了这个断崖的顶上。但是风很冷，我们三个小队不能够在这个高处多看会儿。于是我们赶快把这个断崖的地形画了下来，很快绕着崖边看了看陡峭的斜面，又收集了一些石块装在袋子里，接着就经过一个狭窄的积雪的小桥往南面的另一个山顶走去，可是遇到了一些倒塌下来的大石块，只好停下来，因为石块非常高大，挡住了我们到南面那些山坡的去路，我们实在爬不上去。

没想到我们却在这些石块跟前交了好运：我们在碎石和大石块当中看见了苏联北部还没有发现过的绿色磷灰石！

这是多么有用的富源啊！这是多么了不起的发现啊！要知道，磷灰石是一种非常珍贵的矿物，这样漂亮的、稀奇的矿石值得从这里运出去陈列在世界上的每一个博物馆里。

磷灰石，产自加拿大

三斜闪石，产自格陵兰岛

我们开始往下走了。这里有一个狭窄的山脊，我们当中有一个小队就是从这条路上来的。现在我们又顺着这条路，把绳子挂在悬崖上，抓住绳子慢慢往下溜，溜到一个宽阔的河谷里去。我们看见有些地方有很漂亮的三斜闪石晶体，因为忙于这种观察，我们往下溜的时候就不再那么紧张。可是太阳把一切东西都烤热了，蚊子又出现了，而我们离露营的地方却还很远。一直到第三天，快到上午十一点的时候，我们才筋疲力尽地走进了我们的帐篷；那里已经有我们一个留守的队员，脖子上紧紧地缠着一个黑色的网，等着我们了。

最后，我们在舒适的营火旁边歇着，睡眼惺忪地交谈起勘探的感想来。我们把事情的经过回忆了一下，把收集来的材料也审查了一下，大家感觉苦恼的是：费力不小，而收获不多。留守帐篷的那个伙伴给我们讲了白天的事情，他说：他到附近的一个凹地里去散步，走了半小时就发现了一些有趣的矿物。他的这个发现究竟重要不重要，只要到那个凹地里去看一眼立刻就能断定。所以尽管我们很疲乏，又一连几夜没睡好，我们还是在成群的蚊子包围中，去看那些新发现的矿物。在去的路上，有人疲乏得厉害了，就爬着前进。但一到目的地，就振作起来，人人都有说不尽的惊讶和喜悦。原来这是一个很大的矿脉，产的是一种稀罕的矿物，属于褐硅铈矿一类的。

我们看见了这个矿，就想起了古代萨米人（也就是拉普兰人）的传说，说是萨米人的血滴凝结以后，就变成了“神圣的”雪依特雅芙尔湖岸上的红石块。

一个人如果没有收集过矿物或者没有找过矿，他就不会懂得矿物学家的野外工作是怎么回事。这份工作做起来必须全神贯注；发现新的矿床是一件值得庆幸的事，可是要做这件事就要有紧张的注意力，还时常要有恍惚若有所见的领悟能力；这件事情做起来妙趣横生，有时候好像还要令人坠入浪漫的热恋境界。我们这三个从山上回来的小队谈起一天的感想来是多么兴奋啊！我们争先出示自己找到的矿物，都是因为获得了成果而感到骄傲。

这次的成果鼓舞了每一个人。尽管已经十分疲乏，我们还是一齐进入了一个新的凹地，挨着一个暗灰色的断崖弯下腰去收集石块：这里五光十色的宝石真是遍地都是。

问题已经解决了：我们已经发现了一个蕴藏着好多种稀有矿物的极其富饶的矿床。现在我们可以安安静静地研究一下希比内的矿脉，然后把开采出来的东西运到希比内车站去，以便再从那儿深入山中，多勘探几天了。

这些工作我们一共做了三天，我们在希比内的矿脉上出力工作着，把巨大的石块挪开了，又用笨重的大锤子把石块打碎，还用炸药炸开了一个悬崖。希比内的山地还是第一次响起炸药爆炸的声音；我们的工作人员从荒凉光秃的山谷里小心地运走了好几百块极其珍贵的矿石，这也是第一次。

我们这个矿山勘探队还有许多奇怪好玩的故事，我不打算再讲下去了。在 20 多年里，每年春天我们的队伍都要整装出发到希比内苔原上

一个萨米人家庭与他们的狗在自家帐篷前的合影，摄于 1900 年。萨米人是北欧拉普兰地区的原住民，欧洲最大的原住民族群之一，也是欧洲目前仅存的游牧民族

萨米人用鹿群帮勘探队把从希比内苔原收集到的矿物运到伊曼德拉车站，1923 年

去，每年也要从那里欢天喜地地带回几千千克珍奇的矿物和石块。

我们到希比内去的后几年里，跟前几年一样，也要在夏天最热的时候进行工作；那时候蚊子和小虫子总是成群地绕着我们的头飞来飞去，我们就用黑色的细布把头紧紧包住；在那个季节，夜里总是跟白天一样亮；在那个季节，到处都有融化了的雪水汹涌地奔流着，浪涛似的喧腾着，拦住我们的去路。

作者在希比内的苔原和荒林里进行两个月的勘探后回到他在伊曼德拉车站的住所，1923 年

我们每年到了深秋才从希比内回来。那时候希比内所有的山顶都已经覆盖了一层初雪；那时候，墨绿的云杉把发黄了的白桦树烘托得特别清楚；那时候，北极地方已经开始漫长的黑夜，我们常常可以看到一种奇幻的景象：淡紫色的北极光把荒凉的山地景色照得洞明透亮。

“我希望能够通过这几幅图画把大家吸引到苏联北部绝妙的山地里去——到北极圈里去，到科拉半岛希比内苔原的山顶上去。我愿意燃起一把漂流露宿的烈火，掀起一个科学勘探的热潮，使我们的青年都去努力追求知识。

“让我们的青年一代到严峻的大自然里，在跟险恶的环境进行的斗争里锻炼自己吧；让我们建设的那些矿业研究站都变成科学研究的新中心吧。我希望在我们的脚印后面出现新的脚印，我希望希比内苔原成为我们的旅行中心区，成为一所科学和生活的学校！……”

被大雪覆盖的基洛夫斯克，摄于2012年。1929年，基洛夫斯克因附近发现磷灰石和霞石而建成，如今是一处滑雪胜地

这两段话我还是在好几年前写的，那时候希比内苔原还是一片荒野，地下的宝藏还没有人去触动，整片的苔原、荒林和岩石都是人迹罕至的地方。可是现在呢……说起来真像神话：这里蔚蓝的湖畔已经兴起了一座城市——基洛夫斯克，这里已经有了铁路、电报、电话、高压电线、工厂、矿山、普通学校和中等技术学校，而在所有这些东西的高处，在山上，就是那一圈闪光的绿色岩石——磷灰石。原来这里之所以会出现各种建设，是因为这里出产磷灰石。

在北极圈内很远的一处山地里，一个高山湖的岸边，有一个北极高山植物园，还有科学院希比内矿业研究站的一座豪华的建筑物，这个建筑物里有实验室、博物馆和图书馆——这都是纪念物，纪念 30 年前我们勘探队背着袋子走过一片片沼地和荒林前来征服希比内的工作的。

北极高山植物园是世界上最北端的植物园，也是同类植物园中最大的。在这里，可以观赏到来自不同大陆的极地和高山植物

1.4 在马格尼特[1]的矿山上

我老早就想去看看由磁石生成的山，去参观一下苏联新兴的大的钢铁都市——马格尼托哥尔斯克[2]。最后，有了时间了，我上了一架小飞机，一清早就从斯维尔德洛夫斯克起飞。

我们顺着乌拉尔山脉往南飞，忽而从黑云下面很快地向前冲，忽而又平平稳稳地升到大片云层上；我们隔着云层往下看，隐隐约约看见了这个大山脉的高处有些地方有黑色的矿脉。我们很快就飞过了车里雅宾斯克，看见了这座城市里漂亮的建筑物；后来，我们从锯齿形的亚历山德罗夫斯克山和尤尔马的右边飞了过去，这时候地面上所有的东西又都被零乱的卷云遮住了。

忽然驾驶员把我叫到驾驶舱的小窗户旁，指指罗盘——指针在颤动着往两边摆，很不稳定。我懂得，这是因为飞机的下方有巨大的磁石。我心想，“我们现在大概就在马格尼特山的上空吧”，可是还没想完，飞机忽然来了个大转弯，接着就笔直地往下降，一下子云彩都不见了——我们的前面、脚下和周围都出现了一幅新的图画：原来我们现在已经飞到马格尼托哥尔斯克的鼓风炉烟囱的上空。我们像看平面图似的，把分布在 70 平方千米以内的所有巨大的建筑物尽收眼底。这块面积的西面是乌拉尔河，河水闪着亮光，弯曲得像一条蛇。到处都是铁路线、普通火车、电动火车和汽车，所有这些东西从飞机上看像玩具一样。

飞机的速度降低了，它从西面慢慢地绕过了工厂，然后朝东一直飞上了马格尼特山。这个山原来是这个样子啊！我看了有点失望：许多平坦的小山丘，上面没有森林，而只有些像田垄那样的东西；到处都是铁

1. “马格尼特”的俄文意思是“磁铁”，磁石生成的山就是指马格尼特山。—译者注
2. 马格尼托哥尔斯克的意思就是马格尼特城。——译者注

马格尼特山山顶的景象

路线和机车冒出的烟。我想，“这没有什么了不起”。可是飞机已经飞得越来越低，把马格尼特山抛在后面了。不知什么时候飞机已经在美丽的羽茅草草原上滑行着，我们已经到达目的地了。

为了争取时间，我们刚下飞机就上汽车。我们什么都想看看：先看矿山，再看碎矿厂和选矿厂；然后看鼓风炉，看熔融的铸铁和生成的矿渣；最后看巨大的平炉和轧钢车间，看生铁怎样在平炉里变成钢，钢锭怎样在巨大的初轧机的强有力的抓手[1]里变成最初的粗制品。我们在这里还要参观一下新的发电站，它未来的发电量将仅次于第聂伯河水电站；我们还要看看炼制焦炭的炉子，看看炼焦的时候提炼出种种宝贵气体的炉子；我们又要到规模巨大的造砖厂和耐火黏土厂去看看；最后，还要

1. 抓手是初轧机上的一种设备。——译者注

去看看石灰石、白云石、沙子和其他建筑用的石材的开采面。

建筑工程师把所有辅助车间都数给我们听了，这时候，我才懂得：对于每年开采的每一吨矿石，必须加上一吨的其他辅助材料；这些材料不但是鼓风炉里所需要的炉料，而且还是做炉衬、修路和建筑等的材料。大钢铁厂馋得很，它在工作的过程中不单是吃一种矿物——铁矿石和铁矿石的同伴——煤，还要吃好几十种其他的矿物，其中有锰矿石、铬矿石、菱镁矿、白云石、石灰石、高岭土，耐火力很强的黏土、石英砂、石膏和许多其他的东西。

我们首先要去看的是矿山，但是坐汽车去是不行的：几十条铁路线一重一重地挡着我们的去路，我们只能徒步走上倾斜的马格尼特山。这个山被螺旋形和环形的铁路密密地箍着；从这里的联合工厂全部开工的那时起，每天都有几十列电动火车开来装走成千吨的矿石。拿开采量来说，第二次世界大战前的 300 个乌拉尔矿坑加起来也抵不过今天的一个马格尼特山！

我们慢慢踏着山地的台阶往上走，一步一步地走上了阿塔赤主峰；我从老远就看见马格尼特山许多著名的工作面像金属那样闪着亮光。这里出产的磁铁矿不但纯净，而且还露出在地面上，可以进行露天开采。

这里的磁铁矿最初是在 1742 年被发现的，但是差不多过了 200 年，这些难以置信的富源才变成了苏联大规模建设的原料。乌拉尔南部本来是些寂静的、芳香的羽茅草草原，可是只有两三年的工夫，由于富源得到开发，这片地方就改变了面貌：这里已经有了伟大的建设，已经建成了巨大的钢铁工厂。

我们很快就走进了整片磁铁矿的世界。这里不能戴表，表里的细针是钢制的，遇到磁铁矿就会磁化，而走不准。这里有些地方，有些有磁性的石块能把小的铁矿石和矿屑成串地吸在一起；还有些磁化得更厉害的矿块，能吊得起铁钉子，甚至吊得起你随身携带的小刀。

整片磁铁矿显出钢灰色的光泽，看着非常晃眼。这种矿偶尔也生成黑色的晶体颗粒，有时候也夹带着其他暗黑色的矿物。你在意大利厄尔巴岛上著名的磁铁矿矿坑里可以看到多种多样的磁铁矿晶粒，但在这里你却找不到那么多的晶粒，因为这里的矿是致密的、纯净的。

这里单调的磁铁矿，我们很快就看腻了；我们开始注意磁铁矿产生以后所经历的一连串变化，寻找它氧化以后所变成的各种赤铁矿。赤铁矿青蓝的色调在有些地方出现了。颜色鲜艳的各种黏土，随处出现的暗红色石榴石颗粒、绿色的绿帘石、鲜艳的绿高岭石——这一切都在我们面前显露出来，告诉我们磁铁矿生成的秘密。

左下：菱镁矿（粉色）与磷铝铈矿（黄色）伴生，产自巴西
左上：菱锰矿（樱桃红）与萤石（淡紫色的透明晶体）伴生，产自中国广西省梧州市
右：白云石（白色）与菱镁矿（黄色）伴生，产自西班牙

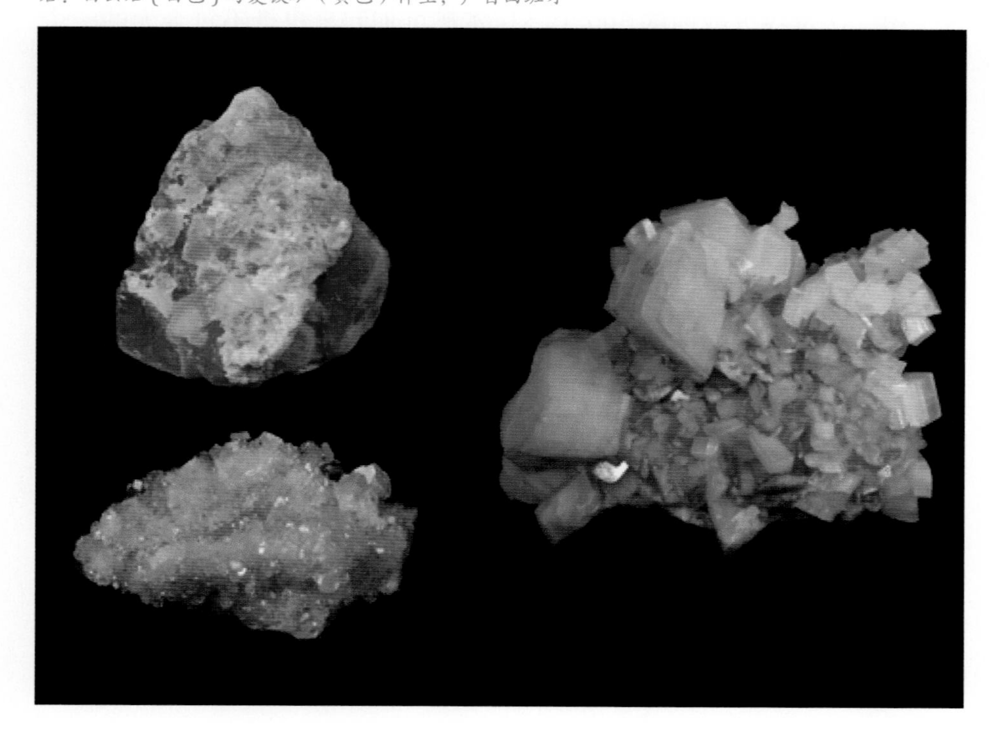

含钒和钛的致密磁铁矿，产自中国河北省承德市

我们更加仔细地看下去，就看见有些地方的黄铁矿显出金黄色的光泽；我们又看见水流过以后留下的绿色的痕迹，这是铜的痕迹；我们又观察到一些伴生矿物，证明我们所看到的矿石里含有微量的磷和硫。

于是我们逐渐懂得：这里 3.25 亿吨的铁矿是怎样在地下深处熔化的岩浆里生成的，这里的铁矿起初怎样侵入了古代乌拉尔的石灰岩，因而为这个世界上著名的产铁矿山之一打下了基础。

现在我们必须躲开这块地方，因为人们用一种特殊的钻机在这里挖了几百个爆破孔，并埋进了炸药，眼看这里就要发生爆炸了。不久，炸药果然爆炸，跟着尘土猛烈地飞扬起来；只有少数地方的石头被炸得飞到高空，活像闪着各种颜色的烟火。

磁铁矿炸成一堆闪亮的碎块了；挖掘机张开大嘴接近了这堆碎块，一下子就把差不多四吨的矿石吃了进去，然后把它平平稳稳地装在能够自动翻转的车皮上。

这里有四台挖掘机，通过八名机械师三班倒工作，一昼夜装上车皮的矿石有 15000 吨。

大自然在这个地方就埋下了这么多宝藏，苏联人民又运用智慧和技术把这些宝藏开采了出来——这两件事情都值得惊奇，但是我分不出其中哪一件事更值得惊奇！

跟我同来参观的同志先离开了这里，去看这个工厂的其他部分——鼓风炉、轧钢机和各个厂；我是学矿物的，所以就一个人留在矿石旁边。

马格尼托哥尔斯克巨大的钢铁厂。拍摄于 20 世纪 30 年代

我心想：苏联的矿物、乌拉尔的宝藏和矿工的毅力都是值得骄傲的，但是为什么从来没有一个矿物学家把这些事情描述一番呢？苏联岩石学家扎瓦里茨基（А. Н. Заварицкий）院士早就在这里做过辉煌的地质研究工作，按说矿物学家跟着就应该带着放大镜在这里住下来，研究这些发亮的废石堆和矿堆，以便搞清楚这里岩石的性质和构造，并给这里的岩石详详细细地做一番化学分析和矿物学分析——但为什么一个矿物学家也不这样做呢？这到底是什么缘故呢？

傍晚，羽茅草草原在秋天日落的时候闪闪发光，停在飞机场上的那架飞机——铝合金制的银燕显出了玫瑰色，机场来了电话，催我们赶快回去，上飞机，我这才离开了矿山。

1.5 山洞里的石头

还有什么东西比山洞更有趣、更引人入胜呢？狭窄的洞口弯弯曲曲的，里面又黑又潮；点着蜡烛进去，蜡烛的火焰不断地颤动着，眼睛得过好大一会儿才能渐渐地习惯下来。洞很深，洞里的路还有分岔：忽而像大厅那样宽敞，忽而笔直地低下去，忽而出现无底的深渊，忽而变成狭窄的孔道。用绳子、链子或绳梯子也测不出山洞究竟有多深，摸不清楚地下那些曲曲折折的道路到哪里才是尽头。我小时候到克里木山洞玩的情形，到现在还记得清楚：山洞里的蝙蝠嘶嘶地飞着，水一滴滴地掉下来像有节奏似的响着，脚底下的石块也常常会掉下去发出轰隆的响声；碎石块滚滚地往下掉，不知掉在多深的地方，半天还在响，接着远处又有水的飞溅声——那里的湖泊，有地下的河流，还有瀑布。为了分清地下深处所有这些响声，我就仔细地听。但是山洞里特别值得惊异的一点是，其中有的地方装饰得很漂亮，有的地方还很奢华：有些地方有精致的花纹；有些地方有高大的柱子，像新栽的树林那样整齐；又有些地方从上面垂下了好些像柱子、花环和帷幕似的东西。洞壁上到处都是沉积出来的白色、黄色和红色的矿物；这些矿物稀奇古怪的形状，不由得使人想入非非，因为它很神秘，像是僵化了的巨人像，又像是蜥蜴一类大动物的骨头。洞壁上最常见的是碳酸钙——方解石，是一种全透明的或隐约透明的矿物，是从洞壁里渗出的水滴里逐渐生成的沉淀。这样的水滴，一滴接着一滴在洞顶上和洞壁上流过，每一滴都在它流过的地方留下一点点方解石的沉淀。这种沉淀在洞顶积累起来，就逐渐形成一小块凸出的东西，再积累下去就成了一个锥体，后来又长成一根完整的管子。这样的管子最初是空心的。但是，水还在一滴一滴地往下滴，使管子越伸越长，终于变成了好几米长的细枝条。从洞顶上下垂的这种细枝条多得像整片的树林一样；同时，它们下方那些折断掉下的管子上，都盖有一丛丛由白色的泉华[1]慢慢堆成的奇形怪状的东西。从洞顶往下长的叫钟乳石[2]，从洞里地面往上长的叫石笋；钟乳石和石笋越长越近，最后就连起来变成巨大的帷幕、粗大的石柱或密接的花环。所有这些东西都不一样：在有些地方像是石化了的瀑布；在另一些地方像是新栽的小树林；再换一些地方又像是非常多样而又多彩的花圃。碳酸钙晶体的形态多得很，很难把所有的形态都说出来，因此，每一个有碳酸钙沉积物的山洞都有它自己的特点。那么，一个青年矿物学家来到这样的山洞，会觉得处处很奇怪，越看越不明白，也就没有什么稀奇的了。地下水慢慢地渗透到岩石的裂缝里去，山洞里装饰的样子就由这些地下水的活动来决定，这一点我们十分明白；但是，某一个地方的石灰岩怎样溶解在地下水里，地下水流到另一个地方又怎样使其中所溶解的物质沉淀出来，这些复杂的过程我们就不见得都懂了。有时候我们能够亲眼看到碳酸钙沉淀得越来越多，例如：彼得宫城的地下室里有许多雪白的大钟乳石，都高达 1 米，是在 10 年当中长成的。列宁格勒基洛夫桥底下，每年都从石灰水里长出许多小巧玲珑的钟乳石柱子；沉重的电车从基洛夫桥上朝着基洛夫大街往下走的时候，这些柱子就都颤动起来。可是，碳酸钙从石灰水里沉淀出来的作用，在城市里虽然有时候进行得非常快，在大自然里却需要极小的石灰水滴有节奏似的往下一连滴个几千年甚至几万年，最后山洞的底上才会生成一些粗大的碳酸钙柱子。

但是，如果你以为山洞里的矿物只有碳酸钙一种，那就错了。中亚有一个著名的大重晶石山洞，深达 60 米。这个洞里有两种矿物：方解石和沉重的重晶石，它们掺杂着分布在洞壁的面上。这个山洞很大，重晶石覆盖在洞壁上的形态，处处不同：有的连成串，有的像房檐，有的又是发亮的大颗晶体。用电石气灯一照，就能看到有些地方的重晶石在洞

1. 泉华是天然水里的沉淀堆积起来形成的东西。——译者注
2. 钟乳石还常常围着圆柱形的管子生长，先从下方长起，这一点是很有趣的。

美国弗吉尼亚的钟乳石山洞，
选自《弗吉尼亚相簿》，拜厄·爱德华（1820 ～ 1865）绘，现藏波士顿公共图书馆

壁上形成了巨大的堆积物，看上去足有几十吨重。这个洞里有一块地方的重晶石分布得非常奇特，我们已把这块地方划作“禁采区”。这样的地方在世界上任何其他山洞里都是没有的。

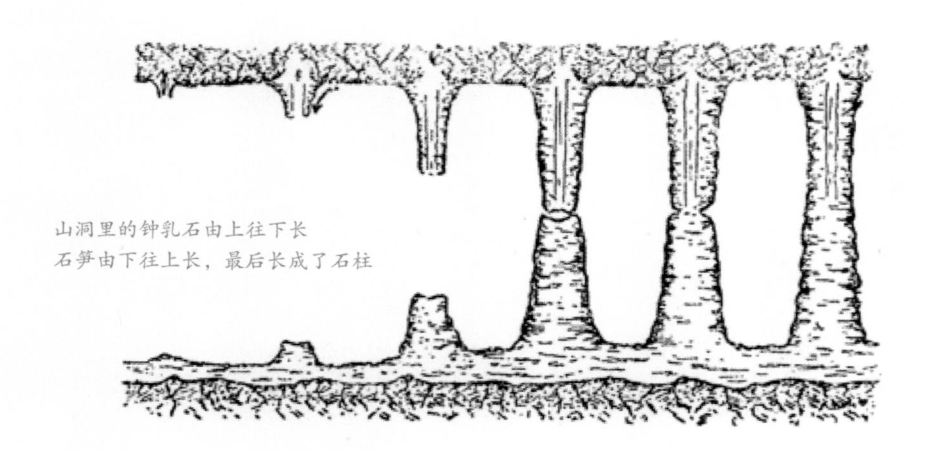

山洞里的钟乳石由上往下长
石笋由下往上长，最后长成了石柱

沉积着岩盐的山洞也非常有趣。这种山洞很大，里面很宽敞，非常容易受到水的冲洗，也非常容易从水里沉积出好看的生成物；绝大多数生成物的形状也是细小的管子和帷幕，正像由方解石生成的那样。

但是，有时候，岩盐的结晶作用进行得很慢、很平静，那样的话，水溶液里就会生出玻璃那样透明的立方体的盐晶体，在洞壁的面上闪闪发光；水溶液里也可能生成一个个大的岩盐块，形状特别有规则，是真正理想的立方体，每边长 1 米或 1 米多，而且跟水一样透明。

墨西哥的一个山洞里就有类似这样的巨大晶体，但是那些晶体不是岩盐而是石膏，形状也不是方的而是像三四米长的长矛和粗针。这个山洞里有些地方的石膏沉积物成簇地聚在一起，或者像一片片树林似的聚在一起；这些沉积物又大又透明，仿佛是某些古代的巨人用过的玻璃武

重晶石，产自中国江西省瑞金市

方解石晶簇，产自中国福建省

墨西哥奈卡巨晶洞的石膏晶体

器。石膏在山洞里也会生成其他形状：或者像雪白的花朵，或者像毛茸茸的苔藓植物，或者像柔软透明的绒毛。

但是，山洞里的生成物还不止上述的那些形状：只要到乌拉尔西部山坡著名的孔古尔山洞去参观一次，你就会在这个不可思议的地下城市里看到一种非常奇特的景象，白色的冰块般的石膏闪烁发光，射出种种奇幻的颜色。我去过这个石膏的山洞，首先看到几个敞厅装点着许多六瓣的花朵，大小像手掌，形态像冰；我在这里所得到的光辉夺目的印象，真的很难用言语形容。跟孔古尔山洞里一片晃眼的白色相反，我又想起了绍林吉亚的一些山洞里的蓝绿色和红色。在那里的一些大山洞里一按手电筒，黑色的洞壁上好多种极其稀有的矿物（主要是磷酸盐）的泉华就闪射出种种鲜艳的颜色；这些洞本是被人遗弃了 300 多年的古老的矿坑，现在却变成了神话般美丽的钟乳石山洞，吸引了成千上万的人前去游览。

北美洲有几个山洞特别大：其中有一处地下通路和敞厅绵延四十几千米，还有一个特别宽敞高大的地方，连 100 多米高的圣以撒大教堂博物馆都容纳得下。

关于各种各样山洞里的种种珍奇的矿物，要讲的话还可以讲许多。

山洞在矿物学里还没有人叙述过，因此，如果每一个青年观察者能够把山洞里的沉积物研究清楚，把各种奇形怪状的沉积物画出来，再详细地说明一番，那他就会对科学做出很大的贡献。但是，他到山洞里去观察，同时应该注意保护山洞。有些不懂事的观察者把山洞糟蹋得很厉害——他们折断了美丽的钟乳石，又在一些地方题字，结果山洞的美观减了色，也失去了科学价值，这样就使山洞受到无可弥补的损失。这种情形多得很，是应该避免的。

1.6 湖底、沼泽底和海底的石头

不要以为石头只有在山里、采石场里和矿山里才有，而在湖、沼和海洋的底部就没有。如果说，只有形成整个悬崖或者山脉的那种坚硬而又成片的石头才可以叫作矿物，那么我们在湖泊、沼泽和海洋的底部就可能找不到那样的石头。但是，如果把非生物界的每一个组成部分都叫作矿物或者矿物的生成物——不管这些组成部分生成的条件是多么不同，连在湖底或沼底生成的也算进去，那么矿物学家也就能从湖泊、沼泽和海洋的底部找到非常多的收集品。我记得，有一次我坐火车，驶过莫斯科的近郊，忽然看见沼泽地里挖了许多沟，挖过的地方都成了

蓝铁矿

蓝色地带；鲜蓝色的土壤随着工人的铲子扬了起来，沟的周围也都闪烁发蓝。火车刚到下一站我就差不多倒栽葱似的飞下了车，顺着铁路线急忙往回跑，去看那种稀罕的矿物。到了沼泽地上，原来这里几乎都是植物。死掉的植物像是铺着的一条褐色的毡子，这就是我们所说的泥炭，泥炭当中层次分明地夹着一层蓝色土壤，土壤里还有蓝色的石块，后来我回家的时候把这种石块带走了不少。我查了书才知道这种矿物叫蓝铁矿，成分是磷酸铁，是动植物的机体腐烂的时候生成的。沼泽地里的生物随时都在死去，也随时在生成泥炭和蓝铁矿，这两种东西生成的经过是我们看得到的。有时候它们堆聚得相当多，结果大量的泥炭就变成了我们宝贵的燃料，蓝铁矿也可以用作蓝色的颜料或肥料。

我们不但可以在沼泽地里亲眼看到矿物的生长，每年春天涨水的时候，总有大量的水流到湖泊和海洋里去；这些黄褐色的水流里除了成堆的灰褐色有机物以外，还夹带着好多铁和其他的金属。冲走了的所有这

苏格兰外赫布里底群岛刘易斯岛最北端内斯社区的泥炭堆。外赫布里底群岛，尤其是刘易斯岛的内陆地区分布着大量沼泽地，其中就埋藏着一层养分贫瘠的泥炭。除了在泥炭地放牧外，当地的农场和家庭还可以将一小块沼泽地中的泥炭切割后堆成泥炭堆，等泥炭干燥后再将它们运回家用于烹饪和取暖

些物质都慢慢地沉到湖底，正像玻璃杯里的水垢逐渐沉底那样；沉在湖底的这些东西呈黑褐色，不但覆盖了水底的石块和岩石，而且包住了水里植物的残体和沙粒。这种沙粒在湖岸附近滚来滚去，包在它们外面的这层黑褐色的东西也就越来越厚；结果，一个小小的黑点在几百年中就会长成豌豆粒那样大，这种颗粒在卡累利阿北部湖泊的底部分布得很多。这种含铁的沉积物，仗着微生物的作用慢慢地越聚越多，于是起初溶解在春水里的微量的铁，后来就逐渐堆聚成了价值极大的铁矿层。

沉积在地下深处——海洋底部的这种铁的沉积物就更加奇特，譬如芬兰湾和白海，尤其是北冰洋，都有这样的沉积物。苏联的渔船把捞网这种特殊的工具沉到海底深处，有时候能够捞到像手掌那样大的铁的沉积物（所谓“结核”或者“结核体”）。这样的沉积物通常都是很扁很平的，它们常常分布在各种小石块和岩石碎屑的周围。它们通常在海底分布得很密，有的像褐色的小铜币，有的像烧饼，所以苏联的研究家说：苏联北部海洋的底部是世界上最奇特的铁矿山。

近年来，科学家非常注意研究大洋底部。根据他们的研究，在海底生成的矿物是极其多样的：这些矿物有的沉在淤泥里，也就是稠厚的泥浆里，有的沉在海底比较硬实的地方。沉在海底的东西有贝类的碎壳和其他各种动物的骨骼，这样，有机体的残体就在一片漆黑的海洋深处生成了种种奇异的石头。有些石头堆聚在鱼类成群死亡的地方，也就是海洋的寒流和暖流相遇的地方；有些石头是由白色贝类的碎壳堆聚而成的；又有些石头本来是放射虫身上的棘针，放射虫一死，这些娇嫩的棘针就堆聚成石头。这种造石的工作在海底昏暗而寂静的环境里缓慢进行着，死掉的动植物体就变成了新的石头，使地球上出现许多种新的、没有生命的生成物。

1.7 到沙漠找石头去

城市里声音嘈杂，我们都住腻了。我们想到远一些的地方去把城市里的印象忘掉，我们想到荒凉僻静的沙漠去住几个月，以便在大自然的怀抱里看看沙漠地的矿物，研究一下沙漠的生命和沙漠生成的规律。

为了去沙漠，我们做了很长时间的准备工作，最后，我们从土库曼的盖奥克—捷佩村出发到著名的卡拉库姆沙漠[1]去了。

我们走了几个钟头就开始进入沙漠了。流动的沙子拖着细长的沙嘴，嵌在人工灌溉的小麦田里；通过灌溉渠流来的都是浑水；这里沙漠下面的深处有隧道一直通到伊朗的地下，这些隧道从土壤的深处吸来了富有生命力的水分，又把这些水分带到沙漠地的边界上去。

我们在沙漠的环境里度过了不少日子。我们的队伍从从容容地每小时约走 3.5 千米。一头骆驼高傲地扬着头走到我们前面，它善于认路，它领着我们走的这条小路早有许多人走过，因为这是从伊朗到花剌子模[2]的通路，在历史上是很著名的。我们骑在马上，跟着向导员鱼贯前进；向导员本来可以骑骆驼，但是每头骆驼差不多已经驮了 200 千克贵重的货物，为了不再加重骆驼的负担，向导员就徒步前进。

白天耀眼的阳光把人晒得很热，夜里却是冰冷冰冷的。白天的沙子让太阳晒热到 30℃，而夜里的气温却是 −8℃～ −7℃。忽而是刺骨的寒风，忽而是凛冽的暴雪，忽而是和煦的艳阳，忽而是炎炎的烈日——我们在沙漠地的第一个星期里经历了好多次这样的变化。这就是沙漠的气候，一冷一热可以差得这样悬殊。我们好不容易才适应了这样的环境，

1. 卡拉库姆沙漠，位于今土库曼斯坦共和国境内，面积约 35 万平方千米。其西面是里海、北面是咸海、东北面是克孜勒库姆沙漠、东南面是阿姆河。沙漠上人口稀少，平均每 6.5 平方千米才有一个人。

2. 中亚地区古国，位于今乌兹别克斯坦和土库曼斯坦两国土地上。

卡拉库姆沙漠

白天走了 30 千米的路，歇下来都很疲乏，就长时间地坐在营火旁边取暖，夜间睡在冰冷的帐篷里。倒也不用担心没有柴烧，因为我们所走的地方仿佛是一片美丽的森林，那些树都是中亚特有的盐木和沙木，所以干柴很多，随时都有，有一次我们烤火时还险些引起了沙漠里的“森林失火”！

沙漠有时变成长长的斜坡，有时变成一个个山丘的驼峰，只有少数地方才形成散碎的山脊和新月形的沙丘；灰黄色的沙地像一条条带子和一座座山头那样横断了我们的去路，连骆驼和马都费了很大的劲才越过这些地方。沙子的颗粒越往北越大，而且颜色是黑的，这样黑的沙粒，我们在任何其他地方都没有看见过。这些沙漠的名字是“卡拉库姆”——“黑沙”——可能就是因为这个缘故。我们的向导员说，“卡拉库姆”的意思翻译出来是“可怕的沙子”，这种解释显然也是很正确的。我们偶尔也遇到比较小的平坦的秃干地和盐沙地，这两种地方有时候长好几千米。秃干地的表面是一片红色的黏土质的东西，这种东西非常硬，马蹄走在上面会发出响声；盐沙地就很软很黏，像是盐沼地。有些秃干地有井，那些地方对于我们来说特别重要，因为我们在沙漠里旅行完全是仗着那些井来生活的。

我们继续往前走，走到第十天，才在一处沙坡的顶上看见了一些新东西。在沙的海洋当中，远在地平线处，凸起着一些尖顶的山岳和悬崖。这些尖顶像是由密集的沙浪生成的。我们早已失去了判断大小的能力，所以在我们看来，它们好像都大得很。在这些尖顶后面更远的地方仿佛还有一条沙带，用望远镜可以勉强看出来。这条沙带就是外温古兹高原的边缘，神秘的温古兹——我们现在要去的地方，就在它前面。

我们越过了难走的沙地又走了 30 千米，直到太阳已经落到了地平线以下，我们才到达一大片盐沙地。这个地方周围隆起着黄沙堆积成的小丘陵，当中是契麦尔利沙丘，非常陡峭，看着可怕，仿佛没有办法可以上去似的。这个沙丘脚处有被风吹成的很好看的悬崖，在盐沙地本身的地面上，还隐约可以看见土库曼人在靠近沙地的地方挖成的一些洞穴，那是他们为了开采非常需要的磨石而挖掘的。

第二天早晨太阳刚出来，我们就朝契麦尔利出发了。我们急着想看看在那无边无际的沙漠地里有些什么样的石头，于是就踏着一堆堆碎石屑从四面八方往契麦尔利顶上爬。沙石块闪出种种鲜艳的颜色，燧石也仿佛受到沙漠地气温的影响而显出不同的颜色——这些石块布满了契麦尔利的斜坡。从陡峭的悬崖往上走，是一个平坦而柔软的小山顶，整个山顶差不多是由很好的硫磺矿石生成的。我们看到了这个富源十分满意，就高兴地拣了好几块矿石，同时也就越来越相信，卡拉库姆沙漠产硫磺的传说并不是无稽之谈，硫磺的确是土库曼极大的富源。

在契麦尔利丘的顶上散碎的沙地里还有一些鲜黄色的硫矿巢。这里

硫磺矿石，产自印度尼西亚

又有许多早已挖下的洞穴，这就证明人们爬到这个山顶上来开采硫磺已经不止一次了。硫磺矿体的面上有一层石膏和燧石的外壳，这层壳很特别，当时我就研究起来，想搞清楚这里的宝藏的性质以及它们的成因；同时，跟我一同来勘探的人就动手测量我们周围的地形，画成了一幅平面图。

从这个山顶上不论往哪一个方向看，除了沙丘还是沙丘，有些沙丘当中还有大片黑色平坦的盐沙地，远一些的地方又有一块块浅红色的秃干地，散碎流动的鲜黄色沙粒围在秃干地的四周，像是给秃干地镶上了花边。我们的周围像法国中部的火山似的，又像月亮上的环形山似的，有好几十个孤立着的尖顶小丘，其中有些是小小的“火山”圆锥体，另一些是险峻的断崖。再往北往东，看看远一些的地方，又可以清楚地看见一群新的沙丘，我们早已知道，这些沙丘中有些叫金格利，是产很稀

地狱之门，卡拉库姆沙漠中燃烧的天然气坑。
除了硫磺矿外，卡拉库姆沙漠还有丰富的石油和天然气资源

奇的“皂石”[1]的；还有一些叫托普—秋尔巴，差不多跟著名的希赫人[2]并连在一起了。

我们收集了大量的矿石，这就是这一天给我们带来的安慰；我们的朋友土库曼人很感兴趣地帮着把收集品运到我们的帐篷里，还帮着我们把这些收集品整整齐齐地包装好。

1. 皂石是滑石的一种。——译者注
2. 希赫人是土库曼的一个民族。——译者注

但我们的路还远得很，要一直走到卡拉库姆的中心才算到达目的地。一路上我们看见了一些炉灶和各种住宿设备的痕迹，这就证明：为了掌握这里的富源——硫磺，早已有人来过这里了。一片雪白的沙子围着一个小山丘，山丘的顶上有一个巨大的开采面，里面鲜黄色的硫磺闪烁发亮，是近乎纯净的。从这个山丘的大小来看，我们估计它所蕴藏的这种贵重的矿物有数百万吨。这个开采面的裂缝里点缀着大粒的琥珀色的硫磺晶体，山丘顶上有一层燧石和石膏的厚壳掩盖着。我们离开这个

山丘的时候再一次欣赏了远处外温古兹高原的沙砾地带，看了看那里被狂风刮成的许多巨大的低凹地；然后，我们同殷勤好客的希赫人在营火旁举行了最后一次晚会，听了他们的许多故事，才知道，住在远处的族人从前寻找合用的水井是一件多么困苦的事情。

这就是 1925 年我们第一次到卡拉库姆去勘探的经过，后来我们又进行了第二次和第三次的勘探。现在，卡拉库姆沙漠里已经有许多硫磺工厂在进行着生产，科学站和气象台、诊疗所和学校纷纷设立起来；到那里旅行也不必再骑骆驼，那里已经有定期的汽车和航班了。

1.8 耕地里和田野里的石头

如果我们在大湖和大海的底部都找到了石头，那么，矿物学家在耕地里和田野里就不见得能找到有趣的石头了吧。耕地里和田野里的石头在农民看来只是一种障碍物，所以，每当集体农庄庄员在耕耘的时候碰到了岩石的碎块或者大圆石块，他们总要把这些东西移到两块田地的当中堆成堆，有时候也运回去给房屋和板棚做基石。但是，犁和耙所耕耘的土壤也是由石头变成的，土壤的本身也是非生物界极其有趣而又极其复杂的一部分。

如果你旅行过的地方很多，又善于在旅行中进行观察，那么可能你已经看出，土壤绝不是到处都一样的。土壤在形状方面和颜色方面都相差极大；河岸上的土壤有时候就层次分明，像是一个光怪陆离的杂色画面。

我小的时候从俄国的北部往南到希腊做过一次非常有趣的旅行。现在我还记得，那次旅行中我所看到的种种景物和颜色是怎样千变万化。南方的草原是黑土，而克里木和敖德萨的土壤就比较发褐。后来往南穿过两岸青翠碧绿的博斯普鲁斯海峡，来到伊斯坦布尔附近，我又看见了栗红的色调。等到我们的轮船开到希腊靠了岸，我又看见白色的石灰岩把地面上鲜红色的土壤烘托得非常清楚，这个景色给了我很深的印象。

在以前，土壤的颜色是没有人注意的。一般的看法是，土壤只是地球表面上的浮土而已。后来著名的俄国土壤学家道库恰耶夫（B. B. Докучазев）教授第一个注意到了土壤，他开始研究土壤的构造、成分和成因。请到苏联科学院里漂亮的土壤博物馆看看，装在一个个大箱子里的土壤跟分布在自然界里的土壤一样是分了层次的。假如把它从上到下竖着切开，你就可以很容易看出：土壤是非常多样的，是很难用肉眼

道库恰耶夫（1846 ～ 1903）肖像。道库恰耶夫被视为土壤科学之父，从1880年开始收集土壤样本

来辨别清楚的。土壤里有极其多样的细小的矿物颗粒，那种颗粒之小不但肉眼看不出来，连用放大镜或者显微镜都不容易看清楚。但是那些颗粒毕竟还是矿物，无非它们的命运很特殊，这是因为土壤的本身有它自己特殊的一段生命史。

土壤是由各式各样的石块和岩石变成的。参加这个变化的有阳光和雨水：太阳发出的热可以使岩石崩毁；落下来的雨点里溶解有含在空气里的二氧化碳和少量的五氧化二氮，也能使石头被破坏；还有，空气里含有氧气和二氧化碳，这些气体都能使石头碎裂。北极这个地方太冷，所以土壤生成得很慢；而往南到了炽热的沙漠地里，白天的地表热得厉害，连水的温度都高达80℃，把鸡蛋放在这样的水里都能煮熟，所以矿物的破坏作用也就进行得非常快，而热风把生成的极细小的颗粒一刮走，当地就只剩下一片沙子；可是在中纬度地方，特别是靠近热带的地方，土壤却很厚，那种厚度绝不止一两米，有时候可以厚到几十甚至几百米。

不要以为土壤仅仅是岩石破坏以后所生成的那种细小的物质，不是的，土壤是比那种物质复杂得多的物体，因为土壤既受昼夜温度变化的影响，又受冬夏季节变化的影响，好多种植物和动物又都在土壤里生出来，最后也常常在土壤里死掉，因此，把土壤跟依靠土壤生存的生物割裂开来看是不对的。实际上，土壤本身就像是一种活东西：从最小的微生物起，好多种活的有机体都在土壤里进行活动。一克的土壤只不过一小撮，然而里面含有几十亿个微小的活的有机体；土壤里活的有机体的

道库恰耶夫中央土壤博物馆的老建筑，摄于 20 世纪 30 年代。
道库恰耶夫中央土壤博物馆即苏联科学院土壤博物馆，由道库恰耶夫在 1902 年创立，1904 年对外开放，是世界上第一个土壤科学博物馆

数量随着土壤深度的增加而急速减少，在深过 1 米的地方，土壤里已经没有什么活的有机体了。大批的动物，例如啮齿类动物、鼹鼠、蚂蚁、甲虫和毒蜘蛛，甚至一些蜗牛，都在土壤里进行活动，有时候还把土壤吃下去，使土壤通过它们的身体再回到地里。我们知道，在每一公顷的地里，每年总有 20 ～ 25 吨的土壤通过蚯蚓的消化器。马达加斯加岛上有一种巨大的吃土的蠕虫，叫食土虫，它们每年要吃下几十亿立方米的土壤，也就是好几立方千米的土壤。

既然这些蠕虫能吃土壤，那么含在土壤里的矿物当然会在它们的体内发生极大的、复杂的变化。

有些地方的蚂蚁能够在 100 年内把当地土壤的表层完全翻腾一遍，至于热带地区的白蚁所进行的巨大的工作就更不用说了。树根、其他植物的根、秋天的落叶、干枯的茎——你知道所有这些东西的生活和变化也都直接在土壤里进行，依靠土壤，同时也成全了土壤。

可见土壤的生命史是很特殊的，这部分非生物界的化学变化跟有机体的生活，是这么错综在一起，以致我们根本不可能把土壤跟活的有机体分开。

我们矿物学家也并不想硬把自然界划分成几个部分，再把自然界里的现象分别限定在几个圈子里来研究。在我们看来，整个自然界是各种力量错综在一起的一个非常复杂的整体，其中也包括人本身的生活和活动；我们认为，没有生命的矿物只是地球上进行着的种种永恒变化的一部分，而且是暂时的一部分。

1.9 在宝石橱窗前面

不瞒大家说，我有一种爱好，就是喜欢站在宝石橱窗前往里看。我一看见漂亮的宝石在电灯光的照耀下显出五光十色，就忘记了那些宝石所代表的虚荣和奢侈，也不再想得到一颗光亮的宝石有时候需要多大的代价了。宝石的历史往往跟多少人的欢欣、悲痛甚至犯罪有连带关系——这一点我也不去想。我所想的只是过去已久的时代，宝石的一段段历史仿佛接二连三地在我面前闪过，给我揭露了地球的最大秘密。

看这个橱窗，这些项链上有些经过琢磨的钻石在闪烁发光，多么漂亮：它们像清澈透明的水滴，但又发出光怪陆离的彩光；这是炎热的印度、非洲的沙漠和巴西的热带丛林里所产的宝石，看起来是稍带寒意的。

我看着这个橱窗，心里就想着南非洲的金刚石产地，那些巨大的、深不可测的、充满着黑色岩石的管状体。凯弗人[1]在那里进行着奴隶式的劳动，他们把地下深处的石头开采出来，再装在几千辆小吊车里用钢索往地面上运；到了地面上，这些石块就卸下来另行装车，经过大旷野送到大工厂里。工厂把石块放在大桶里进行精选：用复杂的冲洗机洗干净，再用涂油的传送带送走，在颤动的传送带上，选出

南非芬斯克钻石矿角砾云橄岩上的八面体钻石晶体，约为 1.6 克拉

1. 凯弗人是非洲南部的一个民族的居民。——译者注

来的金刚石闪烁发光。而传送带周围呢，是非洲南部毒热的太阳，疲惫不堪的工人的黑影，还有金刚石公司华丽的建筑物。在建筑物里面，许多大桌子上蒙着桌布，闪亮的金刚石被分成了好几百种，分别放成了堆：有些堆是纯净的大粒晶体，是预备琢磨的；有些堆是黄色的、玫瑰色的和绿色的；最后，还有切玻璃的金刚石、镶边的金刚石和金刚石的各种双晶等。

这里到处都是晶莹光洁的金刚石，每年的产量多极了。产出来以后就运到伦敦、巴黎、安特卫普、纽约、阿姆斯特丹和法兰克福等地方，再运到世界上的其他地方去。

* * *

南非豪登省库利南镇第一钻石矿的矿坑。190 米深的矿坑表面的横截面积约为 32 公顷。迄今为止，发现的最大的钻石——3106 克拉的库利南钻石就产自该矿

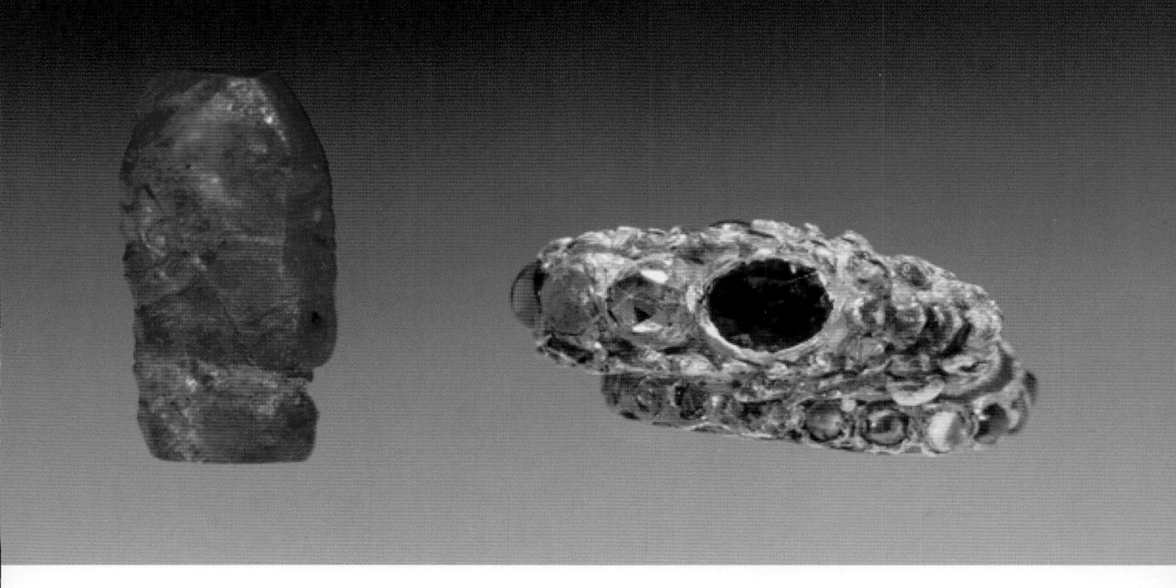

左：天然红宝石，产自越南
右：镶嵌着红宝石和其他宝石的印度戒指，20世纪初制造。原为克利夫兰艺术博物馆早期赞助人霍莫·韦德夫妇所有，现藏于美国克利夫兰艺术博物馆

我在橱窗里看见一个戒指，上面镶着一粒鲜红色的宝石；这粒宝石在半昏暗的地方闪着红光，隔着橱窗的玻璃看不清楚，所以我说不出它是什么宝石。

但我知道红色宝石的产地是在东方——印度、泰国和缅甸等国。像苏联所引以为傲的绿色宝石：祖母绿也罢，鲜绿色的石榴石也罢，神秘的海蓝色的海蓝宝石也罢，东方却产得极少。东方是色调鲜艳、像是在燃烧着的红色宝石的世界；全世界大自然里的任何一个角落所产的红色宝石，拿花样来说，再也多不过东方了。东方有玫瑰红色的电气石，泰国产的血红色的红宝石，缅甸产的像鲜血那样纯净的宝石，印度产的深樱桃红色的石榴石，印度德干高原产的红褐色的光玉髓——在这里，红色宝石所有不同的色调都错综在一起。

下面是印度民间的一段传说：

南方明媚的阳光带来了阿修罗的旺盛的元气，这些元气就产生了宝石。统治着兰卡的诸神跟阿修罗有世仇，他们让暴风雨去袭击阿修罗……沉重的血滴落在河里，各处的深水里，美丽的棕榈树荫里。从那时候起，那条河就叫作拉瓦那干嘎河。那些血滴燃烧起来变成了红宝石；红宝石一到天黑，内部就燃起神幻的火焰，这些万道金光似的火焰可以穿透水面。

印度的神话就是这样优美地给我们描述了红宝石的历史。我们不能够确切地知道这段历史是从什么时候起流传下来的，可能是从 6 世

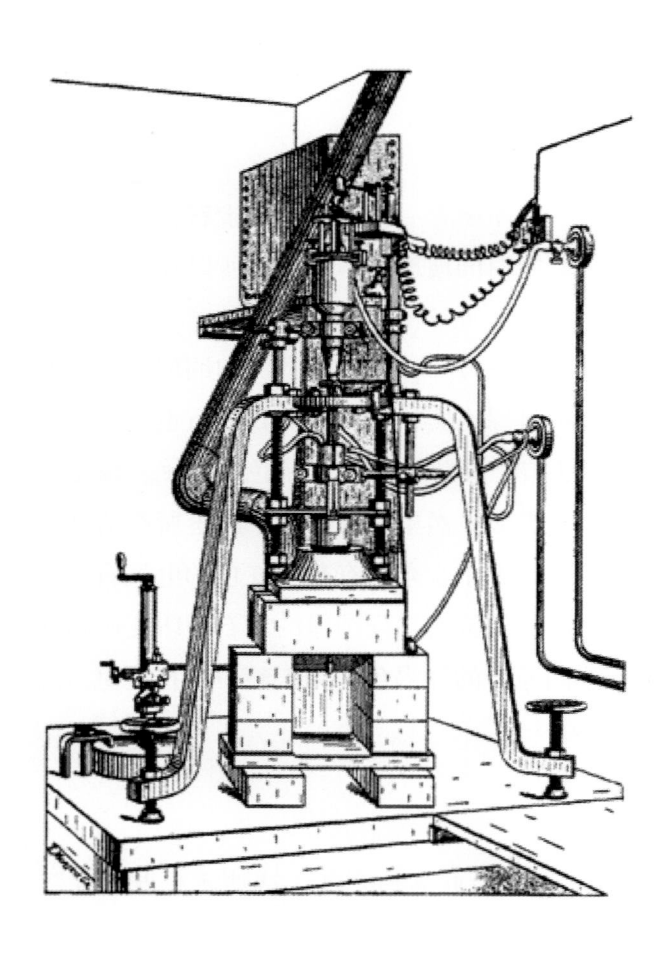

维尔纳伊喷灯的早期草图，选自《贵重宝石的合成》（I.H. 列文著，首次出版于 1912 年 5 月 24 日）。奥古斯特·维尔纳伊在用维尔纳伊工艺生产人造红宝石时使用了该工具。如今的人造红宝石通常也是运用维尔纳伊工艺制造而成的

纪左右吧。

红宝石，又使我想起了到巴黎去的一次旅行。

巴黎附近有一个人烟稀少的小市镇，那里有一条寂静的街，街旁有一个简陋的实验室。这是一间狭小的屋子，里面很热，满是水蒸气；桌子上有几个圆柱形的仪器，上面都有蓝色的小孔。一位化学家隔着这些小孔注视着炉子里面的动静；他调节着火焰，控制着炉子里气体的流入量和白色粉末的吹入量。五六个钟头以后，他让炉子停止燃烧，然后从一根红色的细轴棍上取下一颗透明的红宝石。这样的红宝石像脆玻璃那样：有的在取下来的时候就碎裂了，有完整的就给珠宝商送去……

这间屋子，以前是巴黎附近著名的亚历山大实验室，是制造红宝石的。人依靠智慧从大自然里偷来了一点秘密，使人造的红宝石跟天然的一样漂亮，很难区别；于是人造的红宝石涌入市场，大批地运往东方，成了名贵的缅甸红宝石的劲敌。

* * *

我又看见橱窗的一角上有一枚普通的胸针，上面镶着许多粒钻石，钻石当中有一粒祖母绿闪着绿色。

毫无疑问，祖母绿在一切绿色宝石里是最漂亮、最贵重的了。民间的诗歌常常赞美这种宝石。古代的神话常常讲到它，说它有一种神秘的力量。

下面就是几段关于祖母绿的传说。

首先是印度史上传下来的一段美丽的古代神话，这段神话充分表现了东方人无穷无尽的想象力：

带有胆汁毒液的蛇王婆苏吉冲上天空将其劈分成两半。蛇王的影子映在辽阔的海水里像一条很粗的银带；蛇王的头的影子映在海面上，海水也闪着强光。

这时候金翅神鸟迦楼罗迎着蛇王也飞了上来：它张开两翼，发着响声，天空和地面仿佛都被它遮住了。蛇王立刻把胆汁吐到山麓上——山是地面的统治者；它吐出胆汁的地方就是吐鲁树的液滴发出香气的地方，也是清香的荷花密生的地方。胆汁流在地面上，流到远处，流到野蛮人住的地方，流到沙漠的边缘，流到海岸的附近——这些地方就都开始生成了祖母绿矿。

但是迦楼罗把落到了地面上的一部分胆汁又用嘴叼起来；它忽然感觉吃力，就把这部分胆汁从鼻孔喷回到山里去了。于是这部分胆汁就变成了祖母绿，它们的颜色像鹦鹉的雏鸟，像蝈蝈的背部，像嫩草，像水苔，又像孔雀尾部羽毛的图案。

祖母绿，产自哥伦比亚

这就是富有诗意的神话所描述的祖母绿矿坑的情形，接着，这个神话又详细描述了祖母绿的五个优点、七个缺点、八种色彩和十二种价格。这个神话里所描写的那座山“有三种人知道，没有福气的该死的人就到达不了，只有魔法师走起运来才会找到它”。

其次，库普林、王尔德和其他作者也给我们生动地描述了祖母绿。

“爱人啊，你要把这个祖母绿的戒指常常戴在手上，因为祖母绿是以色列国王所罗门心爱的宝石。祖母绿碧绿、纯洁、柔和、悦目，像春天的嫩草，如果你多看它一会儿，你心里就会开朗。如果你一早就看它，那么你整天都会感觉轻松愉快。到了晚上，亲爱的，我还要把它挂在你的床头上，它能驱除你的噩梦，镇定你的心境，涤除你的烦恼。谁要是随身带着祖母绿，蛇和蝎子就会远躲着他。”

——这就是所罗门对美丽温柔的书拉密所说的话。东方人关于祖母绿的传说，跟迦勒底人[1]和阿拉伯人相信祖母绿可以治病的迷信，就这样穿插在一起了。

著名的罗马科学家老普林尼曾用简洁的笔调描述了祖母绿，我们读了俄国科学院院士矿物学家谢维尔金（В.М.Севергин）的译文就能知道老普林尼对于祖母绿的看法：

从优点来看，祖母绿在一切宝石里仅次于金刚石和珍珠而占第三位，这是有许多理由的。看着任何其他颜色也不如看着祖母绿的颜色舒服。我们看着绿草和树叶也很喜欢，但是我们更爱看祖母绿；跟祖母绿比较，任何翠绿的东西也显得不绿了……祖母绿的光辉四射，连它周围

1. 迦勒底人是古代生活在两河流域的居民。——译者注

19 世纪的吊坠，由黄金、珐琅、祖母绿和珍珠制成，高 11.8 厘米，宽 5.8 厘米。来自印度拉杰布达纳南部的普拉塔加尔，现藏于美国克利夫兰艺术博物馆

的空气仿佛也染上了绿色。它们不管是在太阳光下，在阴暗处或是在灯光下，都不变色；它老是那么漂亮，老是那么晶莹夺目；它尽管相当地厚，还是非常清澈透明……

老普林尼对于祖母绿的描写是实事求是的，然而就是在他的许多叙述里面，也不免夹杂着一些民间的幻想和富有诗意的想象！

* * *

我看见橱窗里专有一个格子摆着胸针，上面镶着绿色的软玉、鲜蓝色的青金石和乌拉尔产的碧石。

青金石的花样很多：有鲜蓝色的，像燃着蓝色的火焰，使你的眼睛看了发热；有淡蓝色的，像娇柔的土耳其玉；又有一些是全蓝的；还有一些，面上有些灰蓝色的或白色的斑点柔和地结合在一起，形成了美丽而又多样的花纹。

我们知道，青金石产自阿富汗，还产自那高入云霄几乎攀登不上的帕米尔高原。青金石的花样也不尽相同：有些跟金黄色的黄铁矿一样，面上散布着无数的小点，像黑夜里在南方天空闪亮着的许多小星星；还有一些是斑点和脉状的白色花纹。我们还知道，贝加尔湖岸附近的萨彦岭支脉也产青金石；那里的青金石从暗绿色的到深红色的都有。阿拉伯人早就知道，把这些青金石放在火上一烧，它们原来的颜色就会变成暗蓝色。“只有那种放在火上烧 10 天都不失去本色的青金石才是真正可贵的青金石”——17 世纪亚美尼亚人的抄本上这样说。

橱窗里还有一块暗色的软玉镶在金边的框子里，颜色非常协调，我一看又想起东方的神话来。

从前，全世界软玉的主要产地是和田，这是中国新疆地区的一个富有诗意的城镇，软玉和麝香是这个地方的两大富源。

和田历史学家阿贝尔·列缪查说：

“神圣的玉河从昆仑山顶直淌下来，流过城池，在山麓分成三条河流：第一条是白玉河，第二条是绿玉河，第三条是乌玉河。每年阴历五六月，河水溢出河岸，从山顶上夹带下来很多玉石，在水退后便可以

古老的抄本，中间的蓝色部分即是用青金色制成的颜料上色，并饰有金色花纹。现藏于美国克利夫兰美术馆

青金石，产自阿富汗

用和田玉制作的清代玉雕摆件《牧童与水牛》。牧童手中的稻穗有五谷丰登的寓意。现藏于纽约大都会美术馆

收集起来，可是在和田国王亲自出马拣选以前，老百姓是不准走到河边去的。”

这位历史学家又引证了优美的民间传说，说软玉像少女那样美丽，每年在阴历二月里昆仑山上的树和草都散射出一种特殊的光彩，据说这就表示河里已经有了玉。

这就是从前的中国人把和田叫作于阗（意为产玉之地）的原因；那时候中国的皇帝常派使臣到这里来苛刻地索取玉块。

中亚的叶尔羌河上游地方也是软玉的一个很大的产地，那里每年给中国皇帝进贡的软玉有 5 吨多。但是后来中国皇帝禁止在那里开采软玉，因为皇帝用那里山地里产的软玉做了一个床，皇太子睡在那个床上却害起病来。这就使叶尔羌河的上游地方受到了严厉的惩处：居民奉令不得在那荒凉的河谷里开采绿色的软玉，那一带地方用链子圈了起来不许人进去，连已经开采出来正在给北京运去的软玉也都扔在路上不要了。从那时候起，软玉就只许在河流里捞取——开始在叶尔羌河和和田河的水流里捞取。捞取的方法，古代中国的文学家早有记载：士兵站在水里——有时候水深得没过了腰——拦截滚流下来的软玉块，再把软玉块扔上岸去。软玉块的表面很光滑，士兵就凭这个特点，在水势湍急的河流里探摸着，把摸到的软玉块捞出水来。

和田产的软玉经由很好的官道运到北京，一路上都有中国皇帝专派的使臣照料。软玉在每个驿站上都要按照东方的规矩举行迎送的仪式，仿佛这是全中国的一件大事。运到东方去的软玉都是未经雕琢的原块；但也有一些软玉的艺术制品是在和田当地琢磨的。

* * *

橱窗里还有一种宝石——碧石，引起了我的注意。碧石的制品显出的颜色应有尽有，使我看了很惊奇。

我们所知道的矿物，拿颜色来说，再也没有比碧石更多样的了。除了纯蓝色外，一切其他的色调都可以在碧石的面上找到，这些错综复杂的色调常常夹杂在一起形成奇怪的花纹。常见的碧石是红色的和绿色的，但还带着黑色、黄色、褐色、橙色、灰紫色、淡蓝绿色和其他多种色调。不透明的碧石之所以能够用作装饰品，主要是仗着它的颜色；只有少数碧石的变种稍稍透光，能够看进去得深些，因而显出像天鹅绒那样柔和的色调。有些碧石是单一的色调，例如，乌拉尔南部卡尔坎所产

碧石，产自蒙古

的碧石就是一片钢灰色的。但是我们看了其他的碧石就很惊奇，它们面上各式各样灿烂的颜色混杂在一起，形成了非常奇怪的画面：有些颜色分布均匀，像条带那样，这就是美丽的带状碧石，这种碧石的面上是暗红色的条带跟墨绿色的条带或者跟鲜绿色的条带互相错开；还有一些颜色分布得并不规则，有浪涛状、波纹状、粒状、斑状和角砾状[1]等。但是一般碧石面上的颜色搭配得非常复杂而且多样，像是五光十色的毯子，又像是在一种很特别的画面上所勾勒的线条。

乌拉尔南部奥尔斯克近郊有一个著名的碧石产地，我们可以在这些碧石的面上看到许多美丽的奇形怪状的花纹。有一个花纹像浪涛汹涌的大海，水面上有淡灰绿色的浪花，同时，有一片黑云挡住了刚向地平线落下去的太阳，而太阳的火光又透过黑云射了出来——只要在这个风险云恶的天空里添一只振翼飞翔的海鸥，就能使人全面地想象海上的风暴

1. 角砾状的意思是，好像有棱角。——译者注

了。有一个花纹是好几种红的色调杂乱无章地聚在一起：仿佛有一个人在浓烟烈火里拼命地跑着，后面拖着他的巨大的黑影，黑影的轮廓在这个惊心动魄的混乱场面上显得特别清楚。又有一个花纹像一片静穆的秋景：落了叶的树木，洁白的初雪，有些地方还残留着没有干枯的绿草，又有些地方有落下的树叶——落在水面上，在仿佛入睡了的池水的微波上缓缓地上下摆动着……诸如此类离奇的花纹真是说也说不尽；凡是有经验的、专刻石头的艺术家都会从这样的石块上看出种种神秘的画面，假如在这种石块上小心地刻上一些小树枝，或一些线条来表示天空，那就把自然界的美丽景色清清楚楚地表现出来了……

1935 年秋，我们曾到乌拉尔南部所有的碧石主要产地去看了一遍。我们同博物馆的工作人员坐了两辆汽车去参观奥尔斯克、库希库尔德和卡尔坎。那次我们到乌拉尔去，很有意思，下面就是矿物学家克雷热诺夫斯基（В. И. Крыжановский）关于那次旅行的记述：

我们来到了奥尔城的郊区，绕过一个很大的养马场，上了波尔科夫尼克山。不大工夫我们就看见了产碧石的地带，还看见了一些火成岩的露头[1]；接着就是最初的几个碧石开采面，那里堆着准备运走的碧石。我们越过了一处处的岩石，看到了周围美丽的景色真是高兴；最后，我们亲眼看见了这里一个了不起的碧石产地，这时候我们实在是开心极了；我们猜想着碧石颜色的成因，不明白为什么碧石几乎还没有人研究过，连它的产地都还没有人作过调查和记述，更没有人分析过它，琢磨过它。毫无疑问，碧石是必须充分研究的，因为乌拉尔产的碧石不但是一种重要的矿物和岩石，而且是最上等的细工材料；碧石的这种用途是全世界早已公认的，而在今天，当物产丰富的苏联刚开始进行建设的时

1. 岩石露在地面上的部分，叫露头。——译者注

候，它的用途就更加重要了。单拿莫斯科一个地方来说，市内的各个宫、博物馆和图书馆就需要大量的碧石来制成上等艺术品、经久耐用的细工艺品和装饰品。

我们在这个产地里看见了一块有趣的碧石。当我们全部心思花在这堆碧石上的时候，忽然听见有人招呼我们。一看是一个身材不高的人，穿着工作服，神色慌张地快步朝我们走来。我迎着他，想抢先听到他说的话。可是跟他一碰头，我就认出他是我们的老朋友谢米宁（Т. П. Семенин）。谢米宁是乌拉尔人，最喜欢寻找石头，是石头的行家和爱好者。一见到我们，他脸上那副紧张的、严厉的神态就慢慢地消失了。他开始满脸堆笑，亲热地向我们这些旧相识问候，说他万万想不到我们会来到这里，来到他所领导的"俄罗斯宝石公司"这个碧石开采地。接着，他领着我们到一个地方去看放在那里的被开采出来的大堆碧石。那个地方确实好看：最大的碧石块重好几百千克，面上显出意想不到的奇怪色调和图样，这都是些制造小盒、胸针和其他各种细工艺品的原料，而用它们制成的工艺品都是准备运到国外的。谢米宁恳切地留我们在"奥尔斯克碧石"这个地方喝茶，又苦劝我们第二天早晨再走，但我们得当天回到奥尔斯克去。那天我们是在月光下回城的。

过了几天，我们又踏上了金黄的道路。我们的汽车开始紧贴着乌拉尔山开行，于是又进入了一个产碧石的地带。我们紧张地注视着一处处的露头；汽车每开到一个我们觉得有趣的地方，我们都要下车看看。到了纳乌鲁佐瓦村附近就看见缟碧石了。这一天我们的首要任务就是跟著名的"库希库尔德碧石"见面。这是一种淡红褐色和淡灰绿色相间的带状碧石。它真有说不尽的漂亮。列宁格勒的国立埃尔米塔日博物馆里所藏的花瓶和一个壁炉旁边的柱子就是用它制造的。我们的汽车停在纳乌鲁佐瓦村里，但是当地的巴什基尔人，谁也不知道"库希库尔德"这个名字——"老先生"说他们不知道，我们在村子里一位教师的家里喝过茶，连这位教师也说不知道——全村子里的碧石产地差不多都已经发现，而当地居民却还不知道“库希库尔德”，岂非怪事。不过有这样一种说法，说是纳乌鲁佐瓦村在 100 ～ 150 年前叫作库希库尔德村。那么显然，“库希库尔德”这个名字已经根本不用了，所以现在的人都不知道了。我们还在这里找到了以前开采碧石的地方，发现了一些很特别的裸露着的带状碧石：它的条带很宽，形成曲折的层次，费尔斯曼院士就给这样的碧石照了相。

我们详细看过碧石的开采面以后就上车往北开，一直开到了卡尔坎湖边。我们远远就看见了镜面似的湖水和湖岸上白色的风车以及矗立着的卡尔坎—塔乌山。从前，卡尔坎湖附近有许多地方都曾进行过采矿工作：开采的是菱镁矿和铬铁矿。过了一段时间，采矿工作就改在哈里洛沃进行，因为那里蕴藏着更多的菱镁矿和铬铁矿。但是，老的矿物收集家对于卡尔坎湖都知道得很清楚。而我们到卡尔坎湖来还有一个目的，就是要看看这里的灰色碧石和产地。

100 多年前，彼得宫和叶卡捷琳堡的大工厂开始用这里所产的碧石来制造花瓶。这里出产的原料质地很好，看了特别叫人喜欢，可以雕成精美的制品。19 世纪雕刻碧石的巨匠给我们留下来的杰作，拿美观和价值来说都是无与伦比的。

近年来，技术界要求石头加工业制造化学实验室里使用的研究和制革用的轧辊等东西。苏联现在已经不再依赖国外输入的玛瑙，而是用卡尔坎产的碧石来制造这些东西了，因为这里产的碧石，质地均匀，又有韧性，不但极难磨损，而且能够承受相当大的压力。

我们在卡尔坎湖边过了难忘的一夜，看到了湖岸上绝妙的夜景，一轮满月照耀山间，树林的阴影倒映在湖水里。周围既温暖又宁静。可是明天就该往回走了，该到米阿斯去了。我们心里惦念着包装矿物的事情，想着去莫斯科的事情；我们有许多工作要做，又要跟许多人打交道。我们旅行了一大圈，眼看就要兜回去了。所以那天晚上特别快慰。可是周围的景色这样美丽，这样叫人愉快，我们又有点舍不得离开。

第二天早晨我们费了很长的时间去找碧石，但是没有找到，后来我们遇到了一个米谢良克族的女人，请她带我们去找。她起初踌躇了一会儿，后来才同意领我们去。她坐上了我们的汽车，我们终于在一个丛林里找到了一个碧石的坑道。这里的碧石块都非常大，多半是在以前开采出来的：一块块面上长满地衣的碧石都陷在早已开成的凹地里。它们每一块有好几吨重，当时实在没有可能把它们运走，我们也还不明白能够用它们制造什么东西。

就让这些碧石等着吧，等到用得上它们的时候再来起运吧！我们看了这些碧石也很喜欢，因为它们的色调可爱，都是灰的，质地又很均匀，还隐约显出美丽的画面。我们在这里观察到碧石跟蛇纹石接触生成的现象，我们又一次懂得：所谓碧石只是一个总称，它是非常多样的，我们的研究还非常不够。

我在橱窗里所看到的每一块宝石都有它自己的一段历史，假如把每一种宝石的历史都原原本本地叙述出来，那是用整本书的篇幅也写不完的。但是，如果你到博物馆去，你也不妨站在宝石橱窗跟前往里看看，再想想我在这篇文章里描述了些什么；你也可以从早已生成的那些小玩意儿、小东西身上找一找远古的遗迹，找一找我所讲的那些非常奥妙的自然现象。你想到宝石的过去的时候，也不要忘掉它的将来。我们所看到的宝石的伟大前途，并不在于它晶莹灿烂，可以用作象征阔绰的奢侈品，也不在于它稀少而可以使人留恋，而是在于它质地坚硬、不会破碎、不会磨损和经久耐用。我们打开一块上等的表放在放大镜下看看，常常可以看到表里写着几个小字：十五钻。宝石用在表里面不是没有道理的；表里的小轴要支在比轴更小的宝石轴承上转动，这种宝石轴承是经得起时间考验的，它们本身就可以持久不变地测量时间。

在未来的技术上，机器里一切最重要的部分都要使用不会破碎的宝石，那时候宝石就会在技术上占有新的地位。这样，宝石就可以把过去那些充满了它的历史的悲苦、辛酸、罪恶和虚荣等一扫而空。

坚硬的宝石在现代的技术上已经起着很大的作用。早在第一次世界大战期间，交战国不仅在战场上作战，同时也在拼命寻找各种坚硬的宝石以便用在航空、火炮和航海上的一切精密仪器里。

1.10 在皇村宫里

你们若是要做一次矿物学的旅行，就应该上普希金城去参观那极其华美的皇村宫。这个宫殿是 1752 ～ 1756 年由著名的建筑家拉斯特列利设计建筑的；但在 1941 ～ 1945 年的伟大卫国战争期间，普希金城一度被法西斯匪徒侵占，这个具有全世界文化意义的美丽的古迹已经被他们野蛮地破坏掉，里面的东西也被他们洗劫一空了。

因此，我只得格外详尽地把这个宫殿里的古迹，给你们讲讲。

这个博物馆是世界上最漂亮的博物馆之一；但在以前这是沙皇为了满足自己的虚荣而建造的。

这个博物馆里的石头、树木、青铜和丝绸，相互衬托得十分美观，这一点历史学家雅科夫金（Яковкин）描述得很好（1829 年）。雅科夫

皇村的叶卡捷琳娜宫，版画，手工水彩上色，弗里德里希·窦尔菲特（1765 ～ 1827）绘

金记述过这个村的变迁，现在就从他的记述里摘出一段话来看看这个博物馆的内部装饰：

……宫中出现了不可思议的事件：宇宙间种种无法描述的宝物都来到了这里。熟练的意大利艺术家用他们雕刻的十分珍贵的大理石艺术作品、写生画和镶嵌画装饰了它；印度和美洲用上等有色木料给它铺地板，地板上还闪亮着银白色的珍珠质；普鲁士用琥珀给它装饰墙壁、墙檐和墙柱；中国和日本给沙皇的富丽堂皇的大厅预备了名贵的瓷器。中国的西藏也往这里送东西：其中有稀奇古怪的金属偶像，祈祷穿的和平常穿的各式各样的古装，容器和其他用品等。西伯利亚的面积非常辽阔，有多种多样取之不尽的富源，而这里的花园就栽满了各种西伯利亚大树，大厅里也陈列着西伯利亚的贵重物产：金和银、青金石、各种颜色的玛瑙和斑石、色彩美丽的碧石、大理石以及其他许多种极其珍贵而又漂亮的矿物。连北冰洋和里海也有贡品摆在沙皇的大厅里。这个村附近的地下，埋藏着丰富的建筑材料，到现在为止这些无穷尽的富源已经开出了不少来供应建筑的需要，来修普希金城里皇村宫的琥珀室，这里到处都是用有色的石头做成的镶嵌画来修建、加固和装饰这个村的花园、林荫路、公路、其他大小道路和皇村宫建筑物的本身。先是国库村，后是伯爵村和普多斯契村不断地把大量的石板、石头和石灰供给这个建筑物……

但我不打算把这个博物馆里每一个有价值的处所都讲到，我只能挑选几间重要的来讲一讲。现在先讲琥珀室。

琥珀室在 18 世纪初是世界上独一无二用琥珀装饰的屋子。

琥珀室真是一个奇迹。它会使你看了吃惊，这不但是因为琥珀的材料贵重、雕刻精美和形状雅致，而且是因为琥珀的色调优美：虽然深浅

皇村宫琥珀室内，布兰森·德库（Branson De Cou）绘

不一，然而处处显得温柔，把全屋子装饰得说不出的好看。屋里四壁上完全镶嵌着琥珀：不同形状和不同大小的琥珀块都磨得光光的，看上去几乎是均一的淡黄褐色。壁面分成了许多格，每一格都有浮雕的琥珀边框，格子当中是四幅罗马式的镶嵌风景画，这些画各有寓意——表示人的四种不同的心情。这些用各种有色石头做成的镶嵌画，是在伊丽莎白女皇时代嵌在浮雕的琥珀边框里的。这样独特的艺术品需要多少劳动力来创作啊！而要把这间屋子装饰得富有幻想的意味，就越发增加了艺术

创作上的困难。琥珀质地很脆，并不坚实，用琥珀来装饰屋子在技术上是相当困难的，尽管这样，这间屋子还是十分成功地用琥珀装饰成了种种复杂的样式。

此外，这间屋子里的窗框、护墙板、浮雕、小的半身人像、全身人像、印章和各种各样的纪念品没有一样不是用琥珀做的。

现在我讲一讲皇村宫另一间漂亮的屋子——里昂厅。

里昂厅跟玛瑙室和琥珀室一样，也是绝妙的艺术创作。这里有些年代比较近的制品，那都是些代替了旧时代青铜作坊所产的精美制品的新的青铜制品，也就是近代所制的鲜艳夺目的蓝色细工艺品——有了它们，著名的建筑家卡梅朗最初的构想便减色了。

皇村宫里昂厅，路易吉·普列马齐（1814 ～ 1891）绘

里昂厅跟琥珀室一样，也是单用一种石头——娇蓝色的青金石，一种最叫人爱看的有色石头来装饰的。

在这间屋子里，青金石主要是用来装饰墙壁的低处，用作壁炉的材料，用来装饰窗框、壁炉上面的镜子和门框上面的板条。门上的青铜装饰物，线条清楚，轮廓柔和，而且跟门上各种木料的颜色配搭得非常合适，所以叫人看了特别喜欢。娇柔的淡蓝色青金石，有的带有白点和灰点，有的有些地方发紫，有的边上点缀着许多云母、方解石或者黄铁矿，而黄铁矿的周围又有许多细小的红褐色点子——这一切都经过了仔细考虑，配置得非常巧妙，叫人看了感觉到色调在缓缓改变。这种旧时的装饰正好显出了青金石的美丽。然而正因为这些青金石的边缘上有那么多的点缀品，色调虽然柔和，颜色并不一律，所以后来就有人认为这是俄罗斯产的青金石的缺陷，有了这种缺陷，它的价值自然也就减低。只要看看门框上面镶板和板条的装饰样子，就不难看出：当时装饰工人手头所有的青金石非常少，使他们在使用每一小块青金石的时候都不得不十分慎重。这原是不足为奇的！因为 1786 年贝加尔湖附近斯柳江卡河岸发现本国产的青金石块的时候，这间青金石的大厅正在起造。当时

琥珀

的女皇叶卡捷琳娜二世对青金石很感兴趣，曾特别下令，叫人上中国去买，所以本国的青金石一发现，索伊莫诺夫将军就把这件事上奏了女皇。第一车青金石恰好是在 1787 ～ 1788 年这个村修建沙皇的浴室的时候运到圣彼得堡的。石头一运到就立刻被磨光了用来装饰浴室。同时，女皇又下令拨款 3000 卢布去开采青金石。所以 1787 年就有 300 多千克的青金石从伊尔库茨克运出来。这就是俄国最初发现青金石的经过。现在我们从叶卡捷琳娜宫的大厅穿过去看看著名的玛瑙室。

玛瑙室是由若干间厅室连成的一个单独的陈列馆。一间圆柱大厅和另外两间用碧石和玛瑙装饰的屋子引起了我们的注意。两间屋子中，有

皇村宫玛瑙室，路易吉·普列马齐（1814 ～ 1891）绘

一间是长方形的建筑，有圆形拱门，完全是用碧石装饰的；另一间是椭圆形的建筑，叫作前厅，完全是用玛瑙装饰的。大厅是希腊式的装饰，圆柱是用比利时产的淡灰粉色的大理石造的。柱脚上都有凹进去的地方，里面有大理石雕的人像和花瓶，是意大利式和俄罗斯式的雕刻；有些柱脚下面是绍克申产的斑石，另一些柱脚下面是蒂甫吉亚产的美丽的、粉红色的大理石。壁炉和门窗上方的板条都是用意大利产的白色大理石造的，还装饰着古埃及产的斑石。

另外两间屋子却完全用俄国产的石头装饰，所以我们特别有兴趣。这两间屋子的建筑样式和形状非常相似，但是装饰用的材料不同：第一间主要是用了暗色的带状碧石，这些碧石面上绿色、淡绿褐色和红褐色等色调的条纹不匀地混杂在一起；第二间用的碧石主要是乌拉尔人所说的“肉状玛瑙”。这两间屋子的门都十分好看，是用三种带有绿色和红褐色的碧石装饰的，而这些色调的配搭样式又很细致，使人看了不至于

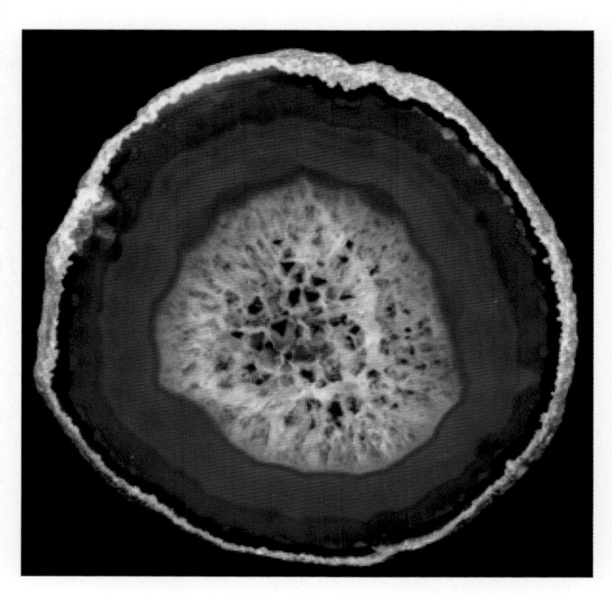

经过切割、染色后制作为杯垫的玛瑙

留下杂色纷呈的印象。两扇大门上方的墙檐上还高高地摆着许多美丽的石刻花瓶，都是叶卡捷琳堡（斯维尔德洛夫斯克）和科雷万两个琢磨工厂的制品，这样就越发增加了美感，使人得到一个尽善尽美的总印象。

叶卡捷琳娜宫的每一间屋子里都用了许多不同的石头。每一个斑石刻的花瓶、石板面的桌子、大理石或斑石的门、窗台都能引起我们学矿物的人的回忆；我若是引导你们去参观叶卡捷琳娜宫，我就能把我们在这些奇异美丽的厅室里所看见的每一种石头的历史、开采方法以及在乌拉尔和阿尔泰的琢磨工厂里漫长的加工过程一连向你们讲好几个钟头。

1.11 在大城市里

我从小有一个习惯：别人每提起一个地名，我总要联想到某种矿物。人家一谈起鲍罗维奇，我就想到这个城市里有方铅矿晶体。人家一提米兰，我就想到米兰市内大理石造的教堂。人家讲巴黎，我的念头就完全转到巴黎著名的石膏开采地上。十月铁路线上有一个站叫作贝列查卡，一提起这个站，我就想起这个地方出产很好的石灰石，也就是烧成生石灰的那种石头。

但是，在各大城市里游历更能使我们增长见识，因为大城市里的每一处都有一所完整的“大学”，在等待着我们矿物学家前去研究科学上最困难最复杂的问题。

朋友们，我们现在就到列宁格勒和莫斯科的大街上去走一趟，听听那里的石头能够告诉我们什么东西吧。

在苏联北部美丽的涅瓦河岸上，在那极其宽阔的河岸街上，我们很欣赏发蓝的河水，这是苏联领土上一种纯净的液态矿物。我们脚下踩着的是普基洛夫产的板石，这是志留纪生成的石灰岩，是深海里起了奇妙变化而生成的碳酸钙沉淀。马路面上铺的是辉绿岩的碎块，辉绿岩是从火山里漏出来的熔岩，这种熔岩是在远古时代以熔化的状态从地下深处冒出来的，流在奥涅加湖[1]地区的地面上的。这里建筑物的基脚是花岗石，花岗石也是地下深处熔化的岩石凝固而成的。建筑物上粉红色的大理石窗台，是从炽热的火山口里喷出来而沉积在古代雅图尔海里的东西。但是，所有这些石头里最使我惊奇的还是那更长环斑花岗岩，这种花岗岩里仿佛生着长石的大眼睛，嘉桑市大教堂的柱子、圣以撒大教堂

1. 奥涅加湖在圣彼得堡东北。——译者注

博物馆漂亮的圆柱廊、美丽的涅瓦河石岸都是用它来建造的。我细听着这种花岗石叙述它自己的历史，它告诉我的那些现象，在我们周围虽然看不到，但在我们脚底下深不可测的地方可能今天还在缓缓进行着。

我们的地球本来像是一个炽热的火球[1]，面上是整片的熔化物，后来熔化物凝成了坚硬的地盾，苏联的北部就是在15亿多年以前最先凝成的地盾的一部分。那时候苏联北部的地面上常有大风沙。初期的热带暴雨连续倾泻在火热的地表面上。地面下的熔化物又突破了地面，使地面上堆积着的碎石块和暴风刮来的沙子重新熔化，陷入地球上第一批沉积岩里。

更长环斑状花岗岩

在这时期，地下深处也生成了所谓更长环斑花岗岩这种红色的花岗岩。稠黏的熔化物冷凝成岩体：里面最初漂着孔眼儿似的长石晶体，这

1.《趣味矿物学》是费尔斯曼院士在1926年写成的。他在论证矿物的形成时依据了当时地质学上一种权威的见解：地球起初是热的，甚至是处于火热般的熔化状态，后来才逐渐冷却而生成了地壳；这种见解又是根据康德－拉普拉斯的假说而产生的，这个假说认为地球最初是气态的和液态的。近年来关于地球起源的问题出现了新的学说，是苏联科学家施密特（О. Ю. Шмидт）院士提出的。新的学说认为，地球和其他行星上的物质都是由各种质点成群黏聚而生成的（这些成群的质点处于气态的灰尘状态，从前是包在太阳的周围的）。依据这个学说，地球最初生成时是个冷的物体，地壳深处发热的地带是后来生成的。地壳深处的放射性元素在蜕变时放出了能，所以那里才发热。因此，关于地球起源的问题，地质学上早已肯定了的地球最初是热的物质那种见解是跟新的学说出入很大的。现在，新的学说正在根据另外几门跟天文学关系最密切的科学——数学、物理学、化学、力学和地质学等进行论证。——原书编者注

些晶体连成了一长条一长条，熔合在一起，又再结晶出来，到后来，岩体里所有其他熔化物也都整个凝固了。从这些熔化物里还有炽热的蒸汽和气体跑出来，跑得很远，跑到古代的地盾里，凝成固体，积聚成特殊的石头资源。

例如，在白海沿岸和波罗的海沿岸上我们随处可以看到一些岩脉，这就是古代更长环斑花岗岩炽热呼吸的遗迹。

瑞典和挪威有许多巨大的采石场，人们在那里开采粉红色的长石、玻璃那样透明的石英和闪亮的粉红色云母；这三种东西当中夹杂着一些似乎没有什么稀奇的黑石头，比重很大，又不透明。然而这些黑石头里还藏着不少值得惊奇的矿物：有沉重的铀矿，可以提出镭来，还有黑色的电气石晶体，这些晶体里又有暗绿色的磷灰石……

瑞典科斯特哈维国家公园中一条辉绿岩矿脉从混合片麻岩中穿过，这条辉绿岩矿脉的年龄大约为 11 亿岁

我沿着美丽的涅瓦河河岸走着。我看见长石的眼睛显出白色；黑的云母片受到北方海上冷风的作用而显金黄色，变成了一片片的“金色云母”；灰色的石英块在剥落着，秋天的河水在冲洗着石英块上含铁的黄褐色斑点——这一切都说明花岗岩这一段十亿年“短短的”生命史已经快要过去了。

我们可以在莫斯科市内进行一次很好的矿物学参观。

我们会很欣赏这个“白石城”里建造许多老房子用的那种莫斯科产的白色石灰石，同时想起了这种石头差不多已经有 3.5 万年的历史，是在古代石炭纪大海的深处沉积出来的。

我们可以连用几个小时的工夫来研究“莫斯科”旅馆底脚的花岗岩是怎样生成的：这种花岗岩形成了很奇特的伟晶花岗岩脉，古代那些岩脉是一片沸腾奔流着的炽热的熔化物，它们穿透了先前凝固的花岗岩体，到后来就凝成了伟晶花岗岩脉。

捷尔任斯基大街上的房子有用暗色的拉长石装饰的，拉长石的面上闪亮着蓝色的小斑点。再去看看红场上具有历史意义的陵墓吧。各种奇异的辉长石、深浅不一的拉长石、绍克申产的斑石和花岗石互相配搭得非常巧妙，仿佛这些石头不但象征伟大，而且同时象征了苏联人民对于他们伟大领袖去世的哀悼。

我们再从莫斯科的大街往下走，走到地下铁道的宽廊里，去深入研究一下莫斯科地下的石头的秘密。

这里我们再也看不见流沙、沙子和黏土——这些东西的所在地已经由英勇的地下铁道工人打成了隧道，也看不见以前在石炭纪沉积出来的、莫斯科造房子用的那种石灰石。明亮的电灯光把各种大理石、花岗石和石灰石照得清清楚楚。苏联从卡列里的北部边界起到克里木沿岸止所产的全部建筑用的和装饰用的石头，我们都可以在这里研究到。

莫斯科的地下铁道在世界上是首屈一指的，它的各个车站所用的砌

莫斯科地铁的共青团站。柱子是用克里木产的和高加索产的杂色大理石造的

面材料有大理石和其他许多种石头，还有玻璃、矿渣和涂釉的砖等，所有用这些材料装饰成的面积在 6.5 万平方米以上。但是要知道，这仅仅是一个开端！

我们从列宁格勒图书馆附近往地下走去，看见入口的地方装饰着克里木产的带有黄色斑点的大理石，接着看见八面形的大柱子，是用莫斯科产的灰色大理石造的，这种大理石里面还含有方解石的细脉。墙檐的下部用黑色的玻璃板镶了边；在上站台的台阶上，我们看得出克里木产的淡红色大理石里面有变成了石头的蜗牛和贝壳——这是古代南方一些大海里死掉的生物的遗体，那些海在好几千万年以前淹没了整个克里木和高加索。

地下铁道的火车开得很快；火车在每一站停的时间很短，所以我们来不及把一站站的大理石都看个仔细。在奥霍特内线的捷尔任斯基站和

基洛夫工厂站的灰色带状大理石，产自乌拉尔的乌法列伊

基洛夫站上，我们看到巨大的、灰色带状的大理石板后非常兴奋，那是在乌拉尔的乌法列伊开采出来的。我们又迎面看见车站上红色的大门，那是用乌拉尔中部塔吉尔产的红色大理石装饰的；同时我们看见车站上的护墙板镶着沃累尼产的拉长石的边，这种石头的面上也有闪亮发蓝的小斑点。再看下去，又是已经出现过的石头：克里木和高加索产的大理石，都带有苏联南方的石灰岩面上的那种柔和的色调；灰色的和白色的大理石，那是在寒冷的乌拉尔开采出来的；灰黄色的石灰石，那是在莫斯科的附近开采出来的。

我们的地球在千百万星星、太阳和星云当中只是一个非常渺小的、微不足道的世界，它从形成到现在，从一颗火红的星球慢慢变成现在这个小小的地球，经历了一段漫长的过程，而我们却常常把地球的这段漫长的历史忘记了。

1.12 在矿物禁采区里

读者多半都听说过禁区这个名词，禁区是为了不使某个地区里的某些动物或者植物绝种而划出来的。譬如说，高加索有一个禁区是为了保护一种野牛的，新阿斯加尼亚有一个禁区保护着羽茅草草原荒地的遗迹，沃罗涅日的近郊有一个禁区保护着橡树林的遗迹，还有其他禁区。但是，为什么也要给石头划出禁采区来呢？其实石头也像野牛和橡树那样有加以保护的必要。遗憾的是，石头的禁采区往往划得太晚。

我记得我在克里木看见过几个绝妙的钟乳石山洞：里面有下垂的不同粗细的柱子、美丽的帷幕和闪亮的石头瀑布。但是，没过多少时候，山洞里的这些美景就一点也看不见了！原来游人为了带几块山石回家去作“纪念”，常常会伸出无情的手来破坏那些钟乳石和石笋。而他们对于某些矿产，也是同样粗暴的。

费尔干纳[1]有一个著名的大重晶石山洞，里面本来有许多重晶石的泉华和晶体，在世界上是独一无二的，竟也被一些游人无情地破坏掉了，拿去放在家里，我想起这件事情就痛心。

所以我们应该为及时划定石头的禁采区、及时制止盗窃地球财富的行为而高兴。这种财富增长得极慢，要等它恢复原状，实比培育野牛和羽茅草慢得多。因此，我们应该好好保存、保护这种财富，以便从它那里学到知识，再去教给别人。

这样的禁采区在苏联乌拉尔南部有一处，是在著名的伊尔门山的米阿斯车站附近。

喜欢石头的人哪一个没有听说过伊尔门山？关于伊尔门山，每一个

1. 费尔干纳在中亚。——译者注

伊尔门山顶的美丽景色

学矿物的人都能讲一套，都说得出那里所产的几种珍奇的矿物，都说得出那里所产的蓝色天河石是多么娇柔美丽。伊尔门山地下宝藏富足，种类繁多而又珍贵，真称得上是地球上唯一的矿物的“天府之国”，哪一个矿物学家不想到那里去参观一次呢？

18 世纪末，哥萨克人曾经不顾那些被激怒的巴什基尔人可能对他们设下的埋伏和卡查赫人可能对他们的袭击，冒着生命的危险，深入伊尔门山里来。有一个哥萨克人叫普鲁托夫，他在守卫契贝尔库尔斯克堡垒的时候，在这个地方找到了一些造窗户用的漂亮的宝石和云母。但是，当时这个地方不安宁，一般人都很难到这里来开采这些石头，并对它们进行加工。只有少数大胆的旅行家才敢冒险进入这里。

后来，西伯利亚大铁路的铁轨铺到了伊尔门山，代替了那些难走的山路和大路。一个小小的米阿斯车站紧靠着伊尔门山脚，在明媚的伊尔门湖的湖岸上，设立起来了。这个车站是用一种很好看的淡灰色石头修建的，这种石头看外表很像花岗石，实际上却是一种稀有的岩石——为了纪念米阿斯就叫作米阿斯石[1]。车站和车站周围那个小村镇的后面，不远处就是一个陡峭的山坡，坡上满是树木。站在坡上从南往北望出去，仿佛伊尔门山只是一个山峰。然而这是我们的眼睛欺骗了我们：我们所看到的不过是一条很长的山脉的南端。这条山脉一气呵成，中间差不多没有间断，它远远地往北伸去，大约有 100 千米长，不但有独特的形状，化学成分也很特殊。这段山脉的西面是辽阔的米阿斯河谷，谷里有几个巨大的集体农庄和一些稀疏的树林，还有耕地。在它的东面，近边是一些零散的小山丘，上面都有树林，中间还有几个形状很不规则的湖泊在闪着亮光，远处就是西伯利亚西部那片一望无际的草原。

用三刻钟的工夫可以从陡峭的伊尔门山坡爬到山顶，从山顶的那些

1. 米阿斯石学名是云霞正长石。——译者注

云霞正长石，产自中国河北省阳原县

岩石重叠的小山峰上瞭望，四面八方都是令人难忘的美景……

但是对于我们学矿物的人来说，最能引起注意的是这个山的东面的景色。西伯利亚平原朝东无边无际地扩展出去，然而我们所注意的并不是这个平原上烟雾迷蒙的远方，而是近在脚下的伊尔门山的东麓。这里的坡度不大，有小山丘，有树林，还密布着一些湖泊。从这些树林和伊尔门山坡之间看去好像有一大块空地，但这不是空地，而是一个沼泽，里面完全是泥炭，现在正在成功地被开采着。树林里有一片片轮廓整齐的伐木区，又有一条条树木稀疏的带形地，伊尔门山出产黄玉和海蓝宝石的著名矿坑就坐落在这些树林里。

离开米阿斯车站 2000 米，有一些华丽的小房子，是禁采区的管理机关、博物馆和图书馆，这里是到禁采区来研究文化科学的人首先要到的地方，也是对禁采区的富源进行科学研究的地方。

再过几年，禁采区里各个地方都要出现这样的房子，那时候，来这里研究的人就可以就近住到矿坑的周围，来研究过去时代留在这些矿坑上面的、到现在没有研究明白的那些规律了。

现在差不多有200个矿坑已经收拾好，清理了炸药炸开的岩屑，除去了矿脉四面的围岩。矿坑里的每一条细小的矿脉都用灯光十分仔细地检视过，但其中所有漂亮的海蓝宝石晶体和黄玉晶体都没有人用手触动过。每一个矿坑都蕴藏着预料不到的矿物。伊尔门山的矿物多达100种，这里的富源是多种多样的。

这些了不起的矿坑，我来看过好多次。我每次来总是先看斯特利日夫矿坑，这是产黄玉、冰晶石和另一些矿物的地方。我以前曾到过南方炎热的厄尔巴岛，也去看过天气阴沉的瑞典的矿脉，也到过阿尔泰、外贝加尔、蒙古和萨彦岭，但是所有这些地方所产的有色石头，都比不上斯特利日夫矿坑所产的漂亮。我看见伊尔门山的天河石矿坑时，面对着大自然的这一幅丰富多彩的景色而感到的喜悦，是我在别处从来没有感到过的。我的眼睛紧盯着一堆堆蓝色的石头——淡蓝绿色的天河石。我

冰晶石伴生菱铁矿，产自格陵兰。其中白色部分是冰晶石，褐色部分是菱铁矿

天河石，产自美国科罗拉多州

的周围布满了带尖角的天河石片，它们全在阳光下闪烁发光，那些带有条纹的细小晶体所闪出的绿色，是跟绿叶绿草的色调完全不同的。我站在这些富源面前真是说不尽的喜欢；我不禁想起了一位矿物学老前辈说的一句带点幻想的话，他说整个伊尔门是由一整块天河石晶体构成的。

这些矿坑之所以好看，不但是因为天河石的本身发出漂亮的蓝绿色，而且是因为天河石跟一种淡灰色的烟晶结合在一起；烟晶在矿坑里朝着一定的方向生长，构成了一幅幅整齐而又美丽的图画。这些画面，有的纹理细密，像是在淡蓝色的底子上写的一些欧洲古文，有的笔道粗壮，像是一些灰色的象形文字。这样的花岗石岩叫文象花岗岩，它面上的文字图案形形色色、各有各的特点，使你看了，不由自主地想把这些看不懂的天然文字辨认一下。18 世纪末到这里来的旅行家和研究家看见了这样的文字都非常喜悦。那时候人们就用这种带有文字的石头来制造漂亮的桌面。这样的桌面到现在还是列宁格勒国立埃尔米塔日博物馆大厅里的装饰品。现代的科学家为了解释各种自然现象，他们对于这些带有文字的石头也是很感兴趣的。

我看着这些矿坑里的废石堆，也浮起了解释这个谜的念头。我首先注视的是像小鱼那样贯穿在蓝色天河石当中那些灰色的石英，我想找出天河石和石英的生成规律和它们共生的规律。现在这些规律已经被发现了，大自然里的一个小小的秘密已经被揭穿了。这些小鱼，也就是地球上这些神秘的象形文字，里面隐藏着多少新的规律和规律性啊！这些小

产自乌拉尔山的烟晶

鱼告诉了我们远古的事情，那时候巨大的伟晶花岗岩脉透过科萨山的花岗片麻岩冒了出来，然后从这些半熔化的伟晶花岗岩里结晶出一堆堆的天河石来。这个作用是在 800℃左右的温度下开始的，随后温度逐渐降低，就生成巨大的长石晶体。到了 575℃，花岗岩里生成烟晶，同时花岗岩的面上也就出现了细小的文字图案，图案的形状本来是有规则的；但是温度再低下去，烟晶的晶体——小鱼也就不规则地朝各个方向伸展出去；小鱼伸展的范围越来越大，使得形状规则的图案完全改变了面貌；最后，像小鱼似的烟晶就嵌在花岗岩里面成为不规则的脉状了。

含有黄玉和其他矿物的烟晶矿脉便是这样生成的；一找到天河石，也就可以在天河石矿脉里找到很好的宝石，天河石这个标志是再可靠也没有了。没有天河石也就没有宝石；这里的山地居民经验丰富，他们很重视天河石，因为他们很懂得天河石是寻找黄玉的最好的标准。他们明白，天河石的颜色越浓，这个矿脉的希望就越大，它给人带来的幸福也

文象花岗岩，产自中国河北省阜平县。烟晶在长石底上形成类似文字的图案

将越多。

以前我到伊尔门山参观的时候，曾在日记本里写过这样两段话：

我对伊尔门山未来的面貌稍稍存有一些幻想：山上是一个风景优美的疗养区，周围的绝好松林，使区里的尘埃绝迹，也受不到远处河谷的流水声的骚扰。人一离开火车站就可以坐一种用缆牵引的电车到山顶上去。伟晶的长石脉和脂光石脉都进行大规模的开采，这样就可以为集中在切巴尔库利和米阿斯工厂里的那些规模巨大的陶瓷制造业供给大量的原料。山下，湖岸上靠近林边的地方，是一个历史博物站——伊尔门山各矿坑的管理中心、远征勘察队的中心、实习勘察和科学勘察工作的中心，还有博物馆和实验室。许多矿坑里都将进行大规模的勘探，都将有计划地开采天河石；许多探井都将凿通到科萨山的底部，为的是去搞清楚天河石脉的内部构造和分布情况。

这就是伊尔门山的远景；为了科学，为了工业的胜利，为了文化和进步，就必须这样做。但是，照上面所说的远景来改造以后，伊尔门山可能就会失去它原来的美丽了。要知道伊尔门山之所以美，是因为它荒凉而又可爱，可因为它的美是一个整体：这个整体里有荒废的矿坑和潜伏着飞禽猛兽的废石堆，也有非常难走的山路，而我们在蓝色的天河石堆里颤抖地提着篮子、在简单的营火旁边喝着茶，也正是在这个荒凉的环境里面。所有这一切十分生动地交织成了目前伊尔门山的面貌，我连心里想着要和这种面貌永别也有点舍不得，因为这个面貌不但富有诗意，不但代表着没有被触动过的生荒地的美丽，而且对于人的工作、创造以及控制自然和探索自然的秘密也是一个巨大的鼓舞力量啊。

现在，许多事情已经实现，过去的幻想已经变成了事实。

世界上有了第一个矿物禁采区，现在这个禁采区就命名为依里奇伊尔门禁采区。

1934 年来到了。南方春光明媚，我们坐着汽车——高尔基工厂出的一种牵引力非常强大的汽车（米阿斯的孩子叫它“小开路车”）到乌拉尔南部新的工业中心到处去看了一遍。轻便的汽车开了几个钟头，我们就从依里奇伊尔门禁采区进入了凯施顿，这个地方产铜，产量占苏联全国的四分之一。再过两三个钟头我们到了兹拉托乌斯特，看见了这里新的、苏联造的初轧机。又过了 7 个钟头，到了乌法列依炼镍厂的门口，镍是一种非常重要的金属，这个工厂就是苏联的镍的一个巨大来源。又过了七八个钟头，汽车把我们带到了马格尼特，这里铸铁的年产量在 300 万吨以上，也就是说，这个数差不多等于沙皇时代全国的黑色金属生产量。

我们从禁采区出来，经过几处庄稼长得很好的集体农庄田野和一个新辟的、整洁的国营农场，3 个钟头以后，就来到了车里雅宾斯克的境内。这是一个正在成长的城市，将来它还要繁荣。我们在这个城里，往前看、往周围看，到处都是拖拉机厂的巨大厂房；这个震惊世界的工厂虽然建设在无数的花朵里，在一片绿色的草原上，但它厂房里的机床、器械、传送带和炉子等却连成了一套复杂的装置，每年能够生产好几万台巨大的“斯大林型拖拉机”，说来几乎很难让人相信。

接着我们看到了几个新奇的工厂：一个是铁合金工厂，它用火山口里那样的高温，也就是太阳表面那样的高温（差不多摄氏三四千度），来制造一些非常复杂的化合物——冶炼优质钢所必需的化合物。另一个是人造红宝石工厂，它出产的红宝石每块总有好几吨重；这样的红宝石块用巨大的钳子从炉子里取出来，再制成金刚沙粉，就是研磨工厂所用的研磨料，苏联全国各地所用的金刚沙粉有三分之一是在这里制造的。

其次我们看到了齐略宾斯克地区国营发电厂、炼锌厂、规模宏大的巴卡工厂等的建筑，又看见了一个染料工厂，它是用库辛斯克所产的黑色钛矿石来制造白色颜料的。苏联需要的各种金属、合金、拖拉机和机器，以前都要由国外大量输入，现在车里雅宾斯克市和车里雅宾斯克州的重工业已经成了最重要的供应者，可以对苏联全国各地供应这些东西了……

1934 年秋，我们又到依里奇伊尔门禁采区去了一次。我们在一座老式的木头房子的露台上开了第一届车里雅宾斯克地区科学会议。许多最有名的专家、熟悉乌拉尔南部和这个地方的富源的行家都到会讨论了过去的成就和今后的工作问题。露台上，主席摇着牛马颈部拴挂的小铃铛（不是手铃）来主持这次意义非常重大的会议，会场的周围是绝妙的松林，是乌拉尔南部优美的大自然景色。

专家们说："我们单单知道这个地区有哪些富源，是不够的；乌拉尔的所有铁矿我们已经调查清楚了一大半，但这还不够。固然，我们已经在乌拉尔发现了铜、锌和铝，知道这里铜和锌的埋藏量大约各占苏联全国的 1/4，铝占 1/2，这些矿藏已经在进行开采来供应工业上的需要，我们又知道，乌拉尔南部有菱镁矿、滑石和铬铁矿的产地，而苏联国内任何其他地方都没有这些矿藏——但是这一切都还不够。之所以说不够，是因为乌拉尔南部还有无尽藏的富源，是因为乌拉尔南部还有几万平方千米的山脉从来没有一个地质学家和地球化学家研究过，还因为田野和草原的地面下也埋藏着我们所不知道的富源。"

于是，地质学家和地球化学家就给乌拉尔南部 30 多万平方千米的地区画了一幅彩色地图，指明了金属、矿石和其他矿物分布在这个面积上的重要的地球化学规律，又讨论并且说明了寻找、钻探和试掘这些富源的方法。

我心里在想着未来，想着苏联的第二个煤铁基地就要在东方建立起来了，乌拉尔的库兹涅茨的工业就要以巨大的规模飞快地发展起来了，巴卡尔工厂也要像马格尼托哥尔斯克那样安装最新式的鼓风炉；而这个

俄罗斯的一家人带着铁锹和马拉板车在巴卡里山的铁矿工作

工厂所产的铁，拿质量来说也一定可以和马格尼托哥尔斯克所产的相媲美。车里雅宾斯克的煤田是乌拉尔的新的化学动力基地。这个煤田产褐煤，可以从里面提炼出几十万吨的液体燃料，而如果使褐煤气化，又可以对车里雅宾斯克所有工厂的机器供应动力。那时候车里雅宾斯克地区的农业集体化运动也将完成。这个地区里的公路将要四通八达，尽管这个地区的面积差不多大到 25 万平方千米，汽车也用不了几个钟头就能到达任何想去的地点。当地居民生活上的重要课题将是造林、修水池和开沟渠。将来当地的工业将要飞快地发展。用事实来证明原料的综合利用的异常重要性以后，大工厂里的废料就一件也不会被丢掉和失落。

这样，苏联的大脊柱——乌拉尔将来就会把它的金属和石头的威力跟田野和作物的富饶多产的力量结合在一起。

那时，我们又会到依里奇伊尔门禁采区来。不过再来时，我们从车里雅宾斯克动身将只坐两个钟头的汽车就到达目的地。我们来还是为了参加科学会议，但是这次的会议绝不会设在老式的木房里，而将设在用石头新造的矿业研究站里，因为矿业研究站一定已经成了指导车里雅宾斯克工业的中心研究所。在森林里，在傍着伊尔门湖那个陡峭的山坡上，在这个巨大的和平工业中心地，一定已经出现了一个新的科学研究机关，而这个机关的全部工作一定将跟乌拉尔当地生产力的发展、跟当地的需要和任务都有密切关系。新设的巨大实验室的研究工作一定是为这个欣欣向荣的新地区服务的。

这样，苏联的钢铁山脊——乌拉尔就不但纵贯南北，而且衔接东西，把欧亚两洲连到一起了。

1
2
3
4
5
6
7
8
9
10
11
12
13
14
16
17
18
19
20

第 2 章 没有生命的自然界是怎样构成的

2.1 什么是矿物

我们在第 1 章里已经知道了各种环境里的石头和矿物，但是我们还不明白：在这个多样而又复杂的自然界里，什么样的东西可以特别叫作矿物。原来我们这门科学所讲的矿物差不多有 3000 种，但是其中有将近 1500 种是非常少见的石头，只有二三百种是我们在周围环境中常见的主要的石头。从这一点来看，矿物的世界好像比动、植物的世界单纯得多，因为动植物有百十万不同的种和属，而且这个数字还在逐年增加。

前面已经讲过，研究我们的矿物界有许多困难，同一种石头可能具有不同的外观。这究竟是什么道理呢？原来一切矿物都由更小的单位组成，这些单位像是各种各样的砖块。我们算过，这种砖块一共近 100 种，我们周围的整个自然界都是由它们构成的。这些砖块就是化学元素，俄国著名的化学家门捷列夫（Д. И. Менделеев）第一个把所有元素排成了严整的一张表，这张表就叫门捷列夫元素周期表[1]。归在这 100 种化学元素里面的，有氧、氮、氢等气体，有钠、镁、铁、汞、金等金属，还有像硅、氯、溴等物质。各种元素用不同的数量和不同的方法配搭起来，就生成我们所谓的矿物，譬如，氯和钠生成食盐，硅和两份氧生成硅石或石英等。

矿物是化学元素的天然化合物，是自然而然形成的，并没有人的意志添加在内。矿物是一种特别的建筑物，是由不同数量的几种特定种类的小砖建造起来的，但是这些砖并不是胡乱堆在一起，而是根据自然界一定的规律堆砌起来的。很容易明白，用同样的几种砖，甚至用的砖的数量也相同，仍然可以造出不同样式的房子。所以同一种矿物在自然界

1. 门捷列夫元素周期表在费尔斯曼著的《趣味地球化学》里讲得很详细。——原书编者注（《趣味地球化学》有中译本，中国青年出版社出版。——译者注）

里生成的样子也可能很多很多，尽管它们在本质上是同一种化合物。

就是这样，由于各种化学元素的配搭，在地球上造成了 3000 种不同的矿物（石英、盐、长石等），而这些矿物聚集在一起，便形成我们所谓的岩石（例如花岗岩、石灰岩、玄武岩、沙岩等）。

研究矿物的科学叫作矿物学，叙述岩石的科学叫作岩石学，而研究这些砖块的本身和它们在自然界里旅行的科学叫作地球化学……

读者读了我前面所讲的那些，可能已经厌烦了，也许会对我说，你讲得一点都不有趣。但是我还是希望读者把这本书读完，因为我们应该牢牢记住：我们对于自然界了解得越多，越深刻，那么我们周围的一切就会显得越有趣，而我们也就能够更快地改造大自然。

我们的世界里还充满着没有发现的“秘密”；科学的内容越是渊博复杂，科学的成就越大，那么，我们周围玄妙的谜也就解开得越多，不过我们每揭露自然界中一个“秘密”，总又会在这个“秘密”里发现一个新的、更难解的谜。

2.2 地球和天体的矿物学

我们的地球是由哪些矿物组成的?

一提起这个问题，首先就会使人这样想：组成地球的矿物和岩石，也就是我们周围的和我们生活里所用的那些矿物和岩石。但是科学给我们的答复根本不是这样，原来地球的深处完全不是我们在周围环境里所看到的样子。读完了这一节就会知道，拿成分来说，地球比较像太阳，而不像我们所熟悉的、存在于我们周围的那些石灰岩、沙岩、黏土和花岗岩。

我们知道，在我们工作着的这个地球表面上，有些物质比较多，有些物质比较少。在所有这些物质里，有一部分是我们所说的稀有物质，我们要费很大的力气才能把它们从地下开采出来用在工业上，而另一部分物质却很多，我们要多少就有多少。这两部分物质在地面上的分量之所以相差很大，完全是因为前一部分物质在自然界里分散得非常厉害，它们并不或很少大量堆聚在一处地方，而后一部分物质却常常大量地堆聚成矿床。

此外，各种物质在地壳里的含量也的确是很不一样：有些物质差不多占到地壳重量的一半，而另一些物质却只占地壳重量的十亿分之几。1889 年，美国化学家克拉克想计算一下地壳的平均成分。计算的结果是，在 92 种不同的物质里，也就是化学家所谓的 92 种化学元素里，只有极少的几种是大量分布在我们周围的。值得注意的是，拿体积来说，我们周围的自然界有一半以上是氧和氢这两种元素组成的；硅在组成我们周围自然界的元素中，只能占到第三位，它和氧化合成了石英这种矿物。然而硅一共也只占 15%，至于我们很熟悉的那些重要的金属，例如钙（含在石灰岩里）、钠（含在海水里和食盐里）和铁，它们加在一起也不过占百分之一二罢了。

我们的周围是一幅奇异的景色：自然界有 99% 完全是由 12 种元素组成的，这些元素按照不同的方式互相化合，结果就给我们生成多种多样的矿物和我们生活里所用的制品！

但是，我们的地球在地壳以下更深的部分也是这样的情况吗？要回答这个问题，我们就必须想象从地表面到地中心做一次艰苦的长途旅行，这个路程长 6000 千米以上，是非常特别而又富于幻想的。

我还记得，1936 年我在捷克的时候，曾经怎样顺着欧洲一个最深的矿井下到了地下深处。我们乘着无顶电梯以每秒 8 ～ 10 米的速度飞快地下降；风声飕飕，电梯轨道嘎嘎地响，空气越往下就越潮湿、越温暖。几分钟以后，我们就到达矿井的底部了。我们感觉耳鸣，心也跳得厉害，这里的气温是 38℃左右——相当于热带潮湿地区的气温。要知道，我们一共才到达地面下 1300 米的深处，也就是说，我们仅仅走了到地心的幻想旅行的那段路程的 1/5000。世界上人工挖成的最深的矿井，至多也只能使人下到 2.5 千米的深处（非洲的金矿）。人们的全部活动——工作、旅行和生活完全受着薄薄一层地壳的限制。

但是人们很想跑到这个小小的世界以外的地方去。人们用尽一切方法想把眼睛武装起来，好去透视现在还不知道的地下深处，好去了解离我们那么近而又被直接踩在我们脚底下的，究竟是些什么东西。可是到现在为止，人们所知道的深度才只有理想深度的 1/5000。

人们的眼睛固然还不能直接看到地下很深的地方，但是人所用的工具能够钻到的地方却已经比人眼能看到的地方深得多了。近年来人们使用了一种金刚石钻机，这种钻机的钻头上镶着坚硬的金刚石晶体，已经能够钻到超过 4.5 千米的深处，把那里的岩石和矿物穿成实心的柱子提到地面上来。但是应该明白，就是 4.5 千米，比起地球的半径来还是微乎其微的！[1]

大自然有时也会帮助人。地下的深处受了地质作用力的影响，会出人意料地升到地面上来；海洋的深底连同那里沉积的矿物会在地面上变成非常高的山岭；地下深处熔化的熔岩也会顺着地下的裂缝和孔口涌到地面上来。所有这一切，科学家都能用精密的地质方法来进行研究；也就是说，有些矿物和岩石，它们生成的地方虽然远不是人们能够直接观察到的，其中有一部分还是在地面下 15 ～ 20 千米的深处生成的，可是科学家还是能够把一块块的矿物和岩石带到我们的研究室里进行分析。

尽管这样，我们还是很不满意，因为到地心去的路只走了 15 ～ 20 千米，还差 6000 多千米，也就是还差从圣彼得堡到外贝加尔的赤塔这样一段距离，而在这段路离上，15 ～ 20 千米只不过相当于到列宁格勒近郊列巴茨村的一小段。

那么我们对于地下深处究竟知道些什么呢？地下深处究竟是由哪些物质组成的呢？

我们知道得实在太少了，但是近年来科学上有了一些新的发现，我们的眼界因而又扩大了一些。现在我们知道，地球的比重是 5.52，也就是说，地球的平均重量是水的重量的五倍半；可是我们地面上普通的岩石，例如石灰岩、沙岩和花岗岩，它们的重量只等于水的重量的两三倍。所以必须这样想：地下深处所含的物质一定比我们周围的物质重得多。另外，我们知道，在前面说的地面下 15 ～ 20 千米的范围内，我们看到地球的成分也很有一些改变：有些金属，例如铁和镁，比在地面上多一些。因此又可以设想：再深下去，直到地心，地球的成分是在继续发生变化的。但这还不够：天体很多，我们的地球只是其中一个，因此，我们又很想把地球跟太阳、星星、彗星等比较一下。说来也奇怪，

1. 苏联所钻的油井，最深的是 5000 米（1951 年）。——原书编者注

我们对于许多遥远天体的成分竟比对于地球深处的成分知道得多得多。这些天体的颗粒有时候甚至会飞到我们的地面上来成为陨石；根据从遥远的世界飞来的这些微小的“客人”，我们已经开始多少知道些构成整个宇宙的物质了。

近年来，研究地震的科学给了我们许多宝贵的知识。地震时的震波会从发生震动的地点向四周传播出去。有些震波是顺着地球的表面传开去的，有些震波却穿入地球内部，朝各个方向传播。如果某个地方发生了地震，譬如说日本发生了地震——说得准确些：日本地下某处发生了地震，那么每一个有精密仪器设备的地震站都会收到两个震波：一个是顺着地面传来的，一个是穿过地球内部传来的。根据科学家的研究，穿过地球内部的那些震波，它们通过地球内部各处的速度并非是处处相同的，因为它们在地面下不同深处会遇到不同的物质。这些震波在离地面近的地方就通过得快些，在离地面远的地方就通过得慢些，这是因为离地面远的地方的物质比较致密，比重比较大。根据震波的研究，甚至可以确定地球的成分在地下不同深处是怎样改变的。

我们可以到地下深处，到那压力极大而温度之高又是我们所完全想不到的地方去旅行一次。我们旅行时，必须记住：刚走入地下不远——离开地面 30 ～ 100 千米，也就是说，我们刚动身不久，就会遇到炽热的熔化物；再深到下面去，熔化物就会改变性质而不再是液态的，这里的物质会像玻璃，虽然热得厉害，却已经是固态的了。

我们旅行的出发点是我们所熟悉的地表面。我们所栖息的几个大陆仿佛漂在围绕整个地球一周的一条由黑色的玄武岩所组成的地带上面。大陆的成分主要是花岗岩，花岗岩的比重差不多是 2.5，里面含有大量的氧和硅。花岗岩是地壳的最外层，这层的下面是比重比较大的玄武岩地带。铁的含量在玄武岩里比在花岗岩里多一些，玄武岩的重量是水的重量的 3.5 倍；在地面下 30 千米的深处，由于镭的化合物非常多，又由于

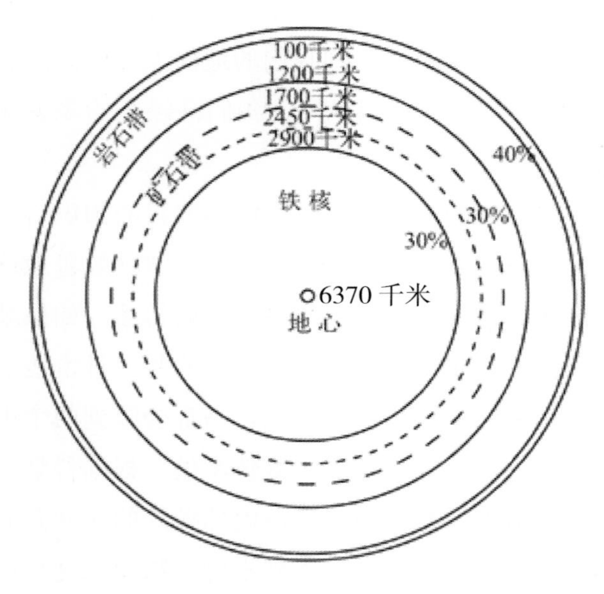

地球的剖面和它的各层

镭放出了热，这里所有的物质已经成为火红的液态了。

这样一直继续到离地面 1200 千米的地方——从地面到这里都是地球的岩石带；在岩石带的最深处，过了熔化物的中心再往下走，我们就会重新遇到一种很重的岩石——榴辉岩，这种岩石在外观和构造方面都非常像玻璃。火山的爆发，有时候就会从地下很深的地方把这种岩石的碎块给我们带到地面上来；在这些碎石块里，譬如在南非洲的几个著名的矿坑里，往往可以找到贵重的金刚石晶体。

再往下走，走到地面下 1200 ～ 2900 千米的那一段是矿石带，这里堆聚着铁矿石，包括磁铁矿和黄铁矿。铁矿石里还掺杂着含有金属铬和钛的矿石，而且铁矿石里铁的含量多，氧的含量少，所以整个这块物质的重量是同体积水的重量的五六倍。矿石带受到上方极大的压力，所以尽管这里的温度很高，所有物质却都是固态的。

矿石带差不多厚到 2000 千米；一过这个地带再往下去，我们就走进了地心的核；核的重量差不多是水的重量的 11 倍，又是钢的重量的 1.5 倍。核的成分主要是铁，铁在核里的含量多达 90% 以上；铁里面还掺杂着金属镍以及少量的硫、磷和碳。

那么，我们整个地球是什么样的成分呢，哪些物质（元素）在地球的成分里面起着重要作用呢？显然，这个问题我们现在已经能够回答了，现在我们就把起着重要作用的那些元素按照从首要到次要的顺序写下来：氢，氦，铁，氧，硅，镁，镍，钙，铝，巯，钠，钾，钴，铬，钛，磷，碳。

那么我们的地球究竟是怎样形成的呢？为什么地球的成分差不多有 40% 是铁呢？地球里的各种元素怎么会分布成现在这个样子呢？假如地球里的铁矿石在地面上分布得多些，对于我们就会有利得多，那样的话，我们就不必担心我们国民经济的未来，就可以放心不会闹铁荒了。

有好几十种不同的学说在设法解释地球形成的问题。最可靠的一种学说是：宇宙太空里细小的碎屑落在一起就形成了我们的地球，新的碎屑落在旧的碎屑上面——所有这些碎屑就都混杂起来熔成一片，而在熔化的时候，重的元素沉在深处、沉到中心，轻的元素就漂在表面而凝成岩石带。

这种学说看来是可以相信的，因为我们如果研究天体的成分，就会发现这些天体里所含的物质跟地球是一样的。固然，我们对于天体矿物学还知道得很少很少。拿月亮来说，科学家只能根据落在地球表面上的石块来推测月亮上有哪些岩石和矿物，科学家也知道宇宙间一些小天体上——可能是彗星上的矿物，但是所有这些还只是片断的知识。

月亮、行星、彗星和其他恒星的矿物学，这是未来的一个巨大的研究领域；我们目前的任务只是了解地球深处的矿物学，并把大宇宙里的矿物拿来互相比较……

你们看，我们到地心去的旅行，已经使我们的念头转到宇宙太空遥远的世界里去了；但是我们这些在地壳上研究矿物的人，也并不是只凭幻想，而是凭着深刻的科学分析，来帮助我们的眼睛看透大宇宙的一切的。我们目前正在开始逐步了解整个大宇宙。今天看来，整个大宇宙和其中所包含的彗星、恒星、星云和行星在构造上好像都是相似的。大宇宙的基础是由同样的一些物质构成的，这些物质中可能有 12 ～ 15 种化学元素是主要的，而其中最主要的是铁、硅、镁和氢、氧、氦。我们的地球只是这个大宇宙里的一个微粒，地球上的规律也就是大宇宙的规律。

2.3 晶体和它的性质

为了明白晶体是什么东西，只是到矿物博物馆去欣赏一下石英和黄玉的漂亮的晶体，或者在冬天拿我们深色的袖子作背景来赞美一下小雪花，或者把砂糖拿来观察一下闪亮得像金刚石似的那些小小的糖晶体是远远不够的。必须亲自动手把晶体培养出来研究它的生活。

我们这样来做吧。到药房去买 200 克普通的明矾和胆矾，再买两个浅的玻璃杯——结晶皿，有了这些东西就可以做结晶作用的实验了。实验的方法：首先把明矾放在一个大玻璃杯里用普通的热水来溶解，但是热水的用量不要多到把明矾溶尽，而要使玻璃杯的底上还剩下一点明矾。其次是让水冷却，这样我们就会看到杯底的沉淀比起初稍稍多些。差不多两个钟头以后，再把玻璃杯里透明的溶液小心倒在一个结晶皿里，然后把这个结晶皿放在窗台上，并且用纸严密地盖住皿口。胆矾也照这样做，于是我们就在另一个结晶皿里制得了一种鲜蓝色的溶液。

第二天早晨就会看见，两个结晶皿的底上都析出了小粒晶体的沉淀；其中有些晶体非常小，有些比较大。把这两个结晶皿里的溶液小心地分别倒在两个玻璃杯里，再用小镊子从两个结晶皿的底上把最大最好的晶体各夹出五六粒来，用柔软的吸墨纸擦干净。留在结晶皿底上的所有闪亮的小粒沉淀都扔掉不要。把两个结晶皿洗得干干净净之后，把方才倒出去的溶液分别倒回来，然后，再用小镊子把夹出去的晶体轻轻地放在它们各自的溶液的底部，放的时候不要让晶体相互挨近，最后仍用纸盖住结晶皿。还可以换一种做法：头一天在结晶皿里制得溶液以后，在溶液里悬一根线，第二天，线上就会附着许多小晶体；把线提出来，去掉上面多余的晶体，而只留下一两粒，再把线放回溶液里，就像图上那样。

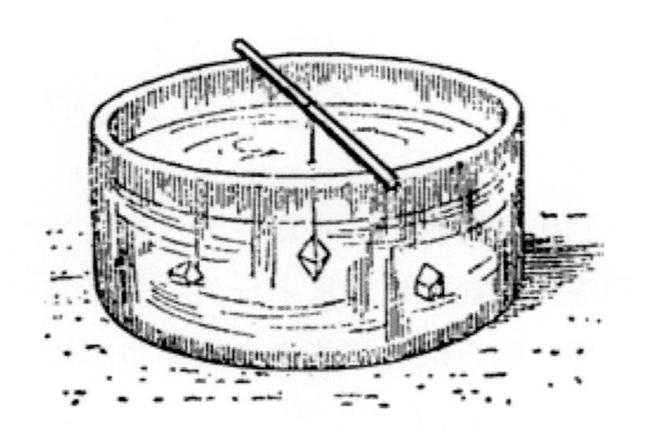

结晶皿里的晶体正在长大，其中有一粒晶体附在线上

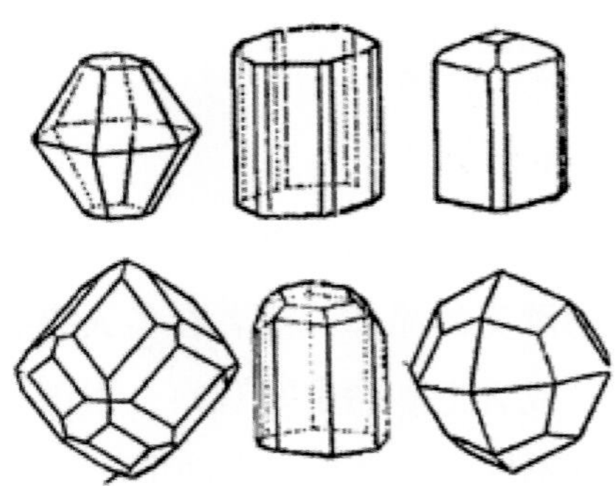

若干种矿物的天然晶体。从左到右：上面是刚玉、绿柱石和符山石，下面是石榴石、黄玉和白榴石

到了第三天早晨，我们把结晶皿上的纸一打开就会看见，晶体已经长大了一些；这时候要把晶体轻轻翻转一下，使晶体的另一面挨着结晶皿的底，然后仍用纸盖住结晶皿，再这样放置一天。这样一天天下去，晶体就会每天长大一些。当然，有时候我们也会发现，这些晶体附近会出现新的、闪亮的小晶体。那样的话，就必须照前面说的方法再做一次：把培养着的大晶体取出来擦干净，把新出现的小晶体扔掉，把溶液倒出来，把结晶皿洗干净，把溶液倒回去，再把大晶体小心地放回去。这样做，我们就能亲眼看到晶体长大，看到它每天长大一些；我们可以变着花样来做这类实验，来全面地研究结晶作用的现象。

在这样的试验中，我们首先看到的是，在同一个结晶皿里出现的晶体是一模一样的，但是明矾的晶体跟胆矾的晶体就完全不一样。

我们也可以把纯净的明矾晶体放在盛着胆矾溶液的结晶皿里。但这样做就不会有结果：不是晶体溶解了，就是晶体表面上乱七八糟地附着许多闪亮发蓝的小粒东西。不过我们如果到药房去买一些铬矾（紫红色的），按照前面说的方法一步步地做，让铬矾在另一个结晶皿里结晶出来。然后把明矾晶体放进这个结晶皿里，又把铬矾晶体放在明矾溶液

法国里尔自然历史博物馆中收藏的人造胆矾晶体，由硫酸铜饱和溶液缓慢结晶而成

里。结果我们就会看到一种有趣的现象：紫红色的晶体继续长大，可是外面是白色的，而白色晶体外面却是紫红色的。我们甚至可以制得一种带状（有条纹的）晶体，方法是把长成中的晶体轮流放在两个结晶皿里。

还可以做这样一个实验，向明矾溶液里加一些硼砂，使明矾进行结晶作用，这样，明矾的晶体就会逐渐长大，但是它长成的样子跟它的纯净的水溶液里长出来的样子很不相同。我们会看到，这个实验里生成的明矾晶体，除了发亮的、带棱的那八个面以外，还有六个不规则的面。我们还可以不加硼砂而加其他的杂质，我们得到的晶体就会有各种不同的外形。

现在拿一粒明矾晶体来，打掉一个角，放在明矾溶液里，结果这个角很快就会补起来而完全恢复原来的晶体外形。

八面体形状的合成铬矾晶体

再拿一粒明矾晶体来，把晶体上所有的角都打掉，再把晶体磨成小圆球的样子，然后放到明矾溶液里，结果我们就看到：尽管这粒晶体长得很慢，它毕竟是在逐渐地长大，但是最后还是长成了它原来的那个样子。

有经验的结晶学家可以用很多方法来做这一类的实验；每一次实验都使他相信：晶体世界是受着许多条极其严格一定的规律支配的。

有一种特别精确的仪器，叫作测角计，结晶学家可以用它来测量各种晶体的角。根据测量的结果，结晶学家很快就相信：每一种晶体的某个角的度数都是完全一定的，拿明矾晶体来说，不管是在什么地方，也不管是在什么时候进行测量，这个晶体的角锥上的角总是十分准确地等

测角计——研究晶体的一种仪器

于54度44分8秒。

结晶学家往往要把各种晶体制成厚度只有一毫米的百分之几的透光的薄片，然后使一条光线通过它们。在大多数的晶体中，这条光线都会变成性质非常特别的两条光线。结晶学家发现：晶体具有多种多样奇异的性质和特征，例如：同是一个晶体的各个晶面，硬度却不相同；同是一个晶体，电流只能在一定的几个方向通过它，在其他各个方向就通不过去。

科学家研究晶体的结果，已经发现了一个完整的新的世界；他们逐渐知道，按照严格一定的规律生成的这种物质是充满在地球上的各个角落的。

苏联各处河岸上和海岸上都有花岗岩，科学家不但欣赏那些花岗岩里的大粒的、粉红色的长石晶体，他们在研究石灰岩和沙岩里的薄片的时候还要把这些晶体放在显微镜下看。他们又用更精密的仪器——产生X射线的仪器来观察这些晶体。他们发现，在普通的黏土里，在烟筒里的烟灰里，在差不多所有的物质里面，晶体生成的规律都是起作用的。

研究晶体的生长是必要的。你们可以多拿几种盐来做结晶作用的实验，可以自己想出一些实验的方法，可以使晶体的碎片长成完整的晶体，可以把晶体磨成圆球再让它长出棱角来，你们应该每天去看看自己所培养的晶体，并加以处理，这样，你们才能把世界上那些伟大的有关晶体的规律研究明白。

2.4 晶体和原子的世界是怎样构成的

我们只能看见一定形状的世界；不管我们的目光多么锐利，我们也只能看见最小限度以上的东西。

小到我们的眼睛所能察觉的限度以下的东西，我们是看不见的。山、森林、人、野兽、房子、石头、晶体——我们周围的任何东西都可以凭眼睛来辨认清楚。但是，东西或物体是怎样构成的，活物质是怎样由小小的细胞构成的，整个自然界是怎样由更小的小砖块构成的——这一切我们就都看不见了。

我们来幻想一下，想一件办不到的事情：我们的眼睛能够把一切东西放大几百亿倍，而我们自己却还是像现在这样大小，就像《格列佛游记》里的主人公一样，那时候，我们周围的一切——山、海、城市、树、石头、广阔的田野——什么都不见了，我们就进入了一个新奇的世界。

我不知道读者是不是到过这样的云杉林，那里的云杉栽得很有规则：一棵棵大树整整齐齐地排成了行，站在两行当中看出去，可以看得很远很远。请看附图，假定你站在图上圆圈的中心点上，那么你朝前后左右看出去都是一行行的大树。如果你后退一步（退到图里两条线相交的点上）再看，那你就会发现别的方向上的另外几行大树；整个树林在你看来就像是一些奇怪的格子。

假如我们的眼睛把周围的世界放大了几十亿倍，那么我们也会看到像在云杉树林里的那种情形。那样的话，这个世界里再也没有什么物体了：我们会意外地看到无穷无尽的、整整齐齐的、像上面说的那样的一些格子。

在这种情况下，我们所看到的行列就不但要在平面上朝各个方向伸展出去——像在树林里那样，而且还要朝上下、朝空间各个方向伸展出去。这时候，格子的角上就不是树，而是小小的球体；这些球体仿佛悬在空中，它们相互间的距离是几米或几十厘米，它们的分布状态也十分整齐。

图书馆、讲堂、俱乐部的大厅里的电灯有时候就挂成这个样子。我们在这样的大厅里就好像在一个特别美丽的森林里。假如我们在这个森林里，偶尔看见某一个地方有一粒或一小撮食盐末，那我们就会看见许多匀称的、笔直的行列，如图所示。

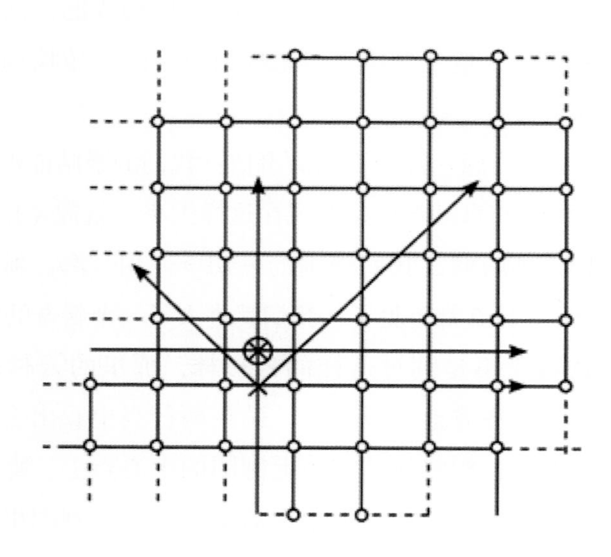

假如我们能够钻到石灰石、铁块或者铜块的小颗粒里去，那么我们所看到的格子就会更加复杂和美丽。

地球上每一种物质的内部都有一种特殊的格子，这是悬空的小圆球所构成的一个神秘的世界，我们在这个世界里，除了这些小圆球以外什么都看不见。

在这个世界里，普通的物体和别的东西都会长到好几千千米，我们的手指的直径也会粗到从列宁格勒到乌拉尔那样长，连一根火柴在我们看来都会粗到 325 千米——相当于从莫斯科到博洛戈耶的距离。

在这个新世界里，除了看不到头的一行行的网、格以外，再也没有其他东西；像是一个个的套环一般——这里到处都有微乎其微的小圆球悬在广大的空间中，而这些小圆球就是物质的奇妙的“点”。

应该把这幅景色对读者说明一下：小圆球按照几何学上极其严格的定律来排成的这些网和格，不是别的，正是我们叫作晶体的这种美妙的东西。

我们的世界差不多完全是由这种晶体构成的，只有少数几种物质里的点才处于杂乱无章的状态。

在我们的结晶皿里生成的那些美丽的晶体，以及我们在山里所遇到的晶体，也正是那些小网格的规律的外在表现。我们所说的这个世界里的网、格的构造，已经研究明白了。可是我们还应当更仔细地看看这个世界，我们的眼光还要更加敏锐一些，我们的视力还应该再放大 1000 倍。

把视力放大 1000 倍时，我们就会看见，一个个点相互间的距离已经不是几米而是几千米了，那幅排成网、格的景色已经不见了。现在我们所看见的小圆球已经不是看不清楚的小点：小圆球的本身就是一个完整的复杂的世界。我们的周围有许多小的物体在复杂的轨道上绕着一个中心的核旋转。我们现在可以像《格列佛游记》的主人公一样，到这个非常特别的新世界内部去游历一番。

我们看得出来，这些小的物体受着一种力的控制，它们从一个轨道跳到另一个轨道上去的时候会闪出亮光；整个这个新世界像是一个太阳系——许多行星绕着这个太阳旋转。我们平常看惯了的世界里有城市、房子、石头、动物和植物等，现在我们已经把所有这些都忘掉了。方才我们还看见排得整整齐齐的网和格，这些我们也都忘掉了。现在我们所在的地方是物质的原子的内部，我们的周围都是原子里的电子。

我们还能够怎样呢？

我们能不能把视力再增加一些，离开这个原子的世界而进到一个更新的世界里去呢？这多半也是可能的；但是，那个更新的世界是什么样子，我们目前还不知道。

我们要看到那个更新的世界，我们的视力就必须再放大几万倍，那时候我们自己就会处在更小物体的世界里面，在原子核里的中子和像行星绕着太阳旋转一样绕着原子核旋转的电子的世界里。

我们的世界完全是由各种物质里小小的原子构成的。整个世界是一个美丽的、协调的结构；在这个结构里，像小圆球似的原子完全是按照几何学的定律排列在广大的空间的。

统治这个世界的，就是晶体和它严格的、一定的直线形的规律。有些晶体比较大，那是完整的、致密的物质，在这类物质里面，无论是原子造成的格子或原子本身的数目都非常庞大，我们要表示这种数目，得

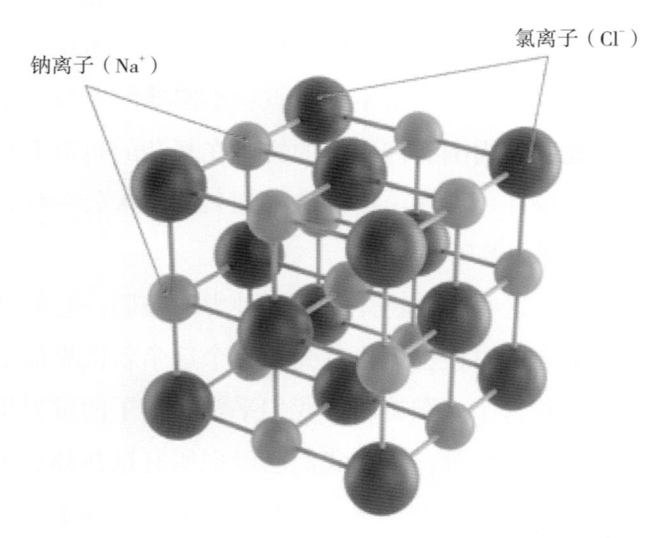

食盐——氯化钠——的晶体结构。绿色的圆点是氯离子，紫色的是钠离子

在 1 后面至少要写 35 个 0。

也有一些别样的构造，我们用肉眼丝毫也看不出它们是有规则的结构；还有一些物质，它们的颗粒是由几百个或者几千个原子组成的，譬如，烟筒里的烟灰或者水中的金沙就是这样。

我们周围的一切都是由各种各样的原子组成的，原子有构造复杂的，也有比较简单的：现在我们所知道的原子大约有 100 种。

但是，像最小最简单的氢原子，跟自然界里最重的金属铀的原子，它们的结构是多么不一样啊！

每一立方厘米的物质里面都有数不清的原子，尽管这样，科学家还是看透并且懂得了自然界的这一秘密。物理学家和结晶学家就是探索这个秘密的胜利者；《格列佛游记》只是一个旧的童话，而在今天，这些科学家已经把这个童话变成现实了。

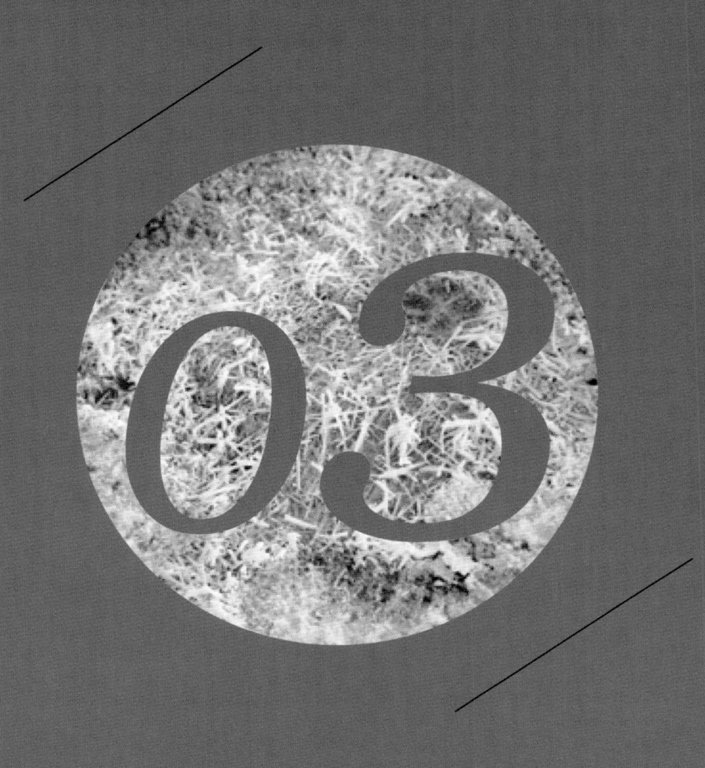

第3章
石头的历史

3.1 石头是怎样生长的

石头有它自己的一段特殊的生命史，尽管这段历史跟生物的历史差得很远，这一点我们已经讲得很多了。石头的生命史非常悠久：有时候不止几千年，而是千百万年甚至多少亿年，因此，石头在几千年里积累下来的变化，我们是极难看清楚的。铺路的小圆石和田地里的石块，在我们看来是没有变化的，这无非是因为我们看不出它们所起的变化罢了；其实，铺路的小圆石也好，田地里的大石块也罢，它们受着阳光的照射、雨水的淋打、马蹄的践踏以及我们肉眼看不见的微生物的作用，都在逐渐变成新的东西。

假如我们会改变时间的速度，会像电影摄影机似的把千百万年里地球的历史以十分快的速度拍摄下来，那我们在几个钟头里面就会看到：山岳从海洋的深处升到地面上来，又重新变成低地；矿物在熔化物里生成以后，很快就碎成粉末而变成黏土；无数的动物在一秒里就堆成又大又厚的石灰岩；人不到一秒就把矿山完全削平，把矿石变成铁板或铁轨，变成铜丝和机器。在这个迅速的跳跃里，所有的东西都在以闪电的速度变化着。这样，我们就亲眼看到了石头生长、死亡和变成其他东西的经过；又看到了所有这些变化像在活物质的生命过程一样，也都受着特殊规律的支配，而这些规律也正是矿物学所要研究的。

现在我们就从探测不到的地下深处——“岩浆带”开始来研究地球上矿物的生命吧。这个地带的温度比1500℃略高一些，压力也高达好几万个大气压。

岩浆是大量的物质所生成的复杂的混合物，其中既有熔液又有熔化物。岩浆先在深不可测的地下沸腾着，里面夹杂着水蒸气和好多种挥发性气体，这时候岩浆的内部本身就在进行变化，有些化学元素已经化合

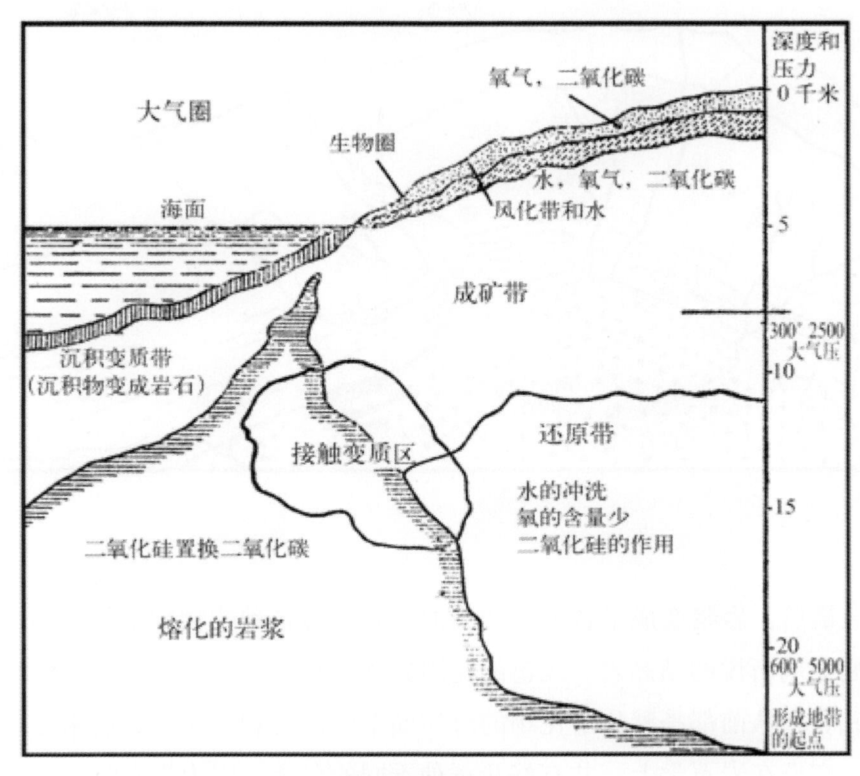

地壳和各个地带的纵断面

成了矿物（然而还是液态的）。到后来，或是由于整个岩浆的冷却，或是由于岩浆进入了比较冷和比较高的地带，使得岩浆的温度低落下去，于是岩浆就开始凝固而析出了各种物质。这些物质里面，有些化合物比另一些先变成固态而逐渐结晶出来，而当时的岩浆基本上还是液体，先生成的晶体就漂在液体里或者沉在液体的底上。已经生成了的固态颗粒在进行结晶作用时有吸引同种物质的力：被吸引过来的同种物质越来越多，晶体也就越来越大，于是所有固态物质都聚集在一起，从液态的岩浆里分离出来。

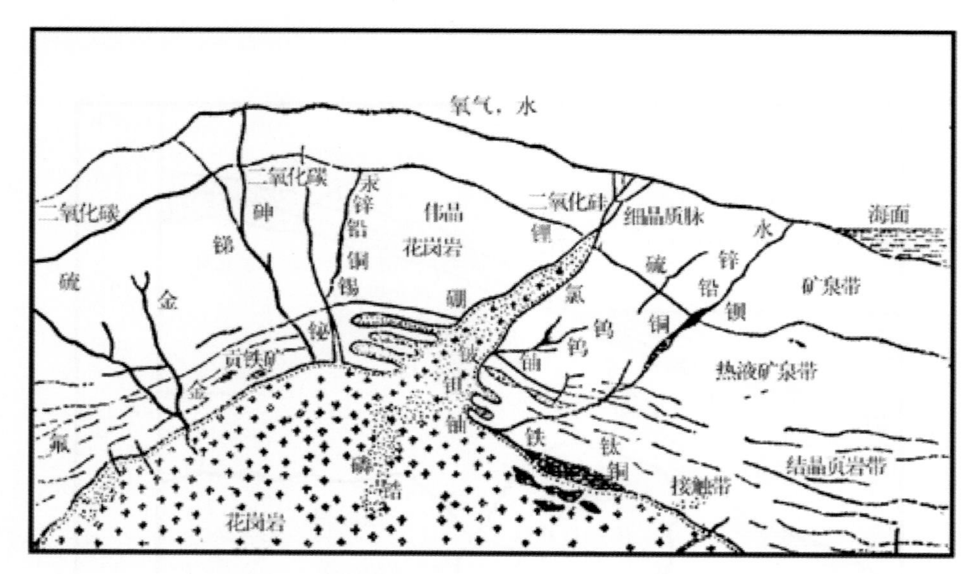

花岗岩体的纵断面，图示花岗岩脉的分支以及析出的各种金属和气体

最后，岩浆变成了各种晶体的混合物，使各种矿物堆聚在一起，这就是我们所说的结晶岩。浅色的花岗岩和正长岩以及深色的、比重大的玄武岩，从前都是整片溶化物的海洋面上的浪涛和飞沫，到后来才凝固的。它们在岩石学上一共有好几百种不同的名字，因为岩石学这门科学一直是从岩石的结构和化学成分，来研究岩石过去在深不可测的地下所留下的烙印的。

岩石凝成固体以后的成分跟它处在熔化状态时的成分差得很远。在它凝固以前，这个火热的混合的熔化物里含有大量的挥发性化合物，这些化合物的气流猛烈地冒出熔化物的表面；这个火热的熔化物在很长的时期里始终在这样冒着烟和气，直到所有液态的混合物完全凝成固态的岩石为止。岩石凝固以后，只有极少量的气体还留在岩体里面，另一部分气体已经形成气流升到地面上去了。

但是，这些挥发性化合物远不是都能到达地面的。其中还有一大部分在地下深处被其他的物质包围着；其中水蒸气凝成了液体，就形成温泉顺着地下的裂缝和岩缝流到地面上来；温泉一面向前流动，一面逐渐冷却，里面所含的矿物也就先后从水溶液里分离出来成为沉淀。气体呢，一部分饱和在水里随着泉水或温泉冒出地面，还有一部分很快就找到别的出路，凝成固态的化合物。

温泉，拿奥地利著名的地质学家修斯的话来说是一种年轻的原生的水流，这是把岩浆的生命和地表的生命连接起来的一条通路。地面上的温泉非常多。这种泉水会从地下深处带上来一些地面上完全没有的物质；这种物质中，有些矿物——主要是重金属的硫化物就在岩石缝隙的

火成岩里的空隙——晶洞，里面布满着晶体，这些晶体是在岩石冷却的时候从热熔液里沉淀出来的。图为产自马达加斯加的天青石晶洞

四壁上，沿着细小裂缝沉淀出来。这样，地下深处岩浆里的挥发性化合物就有一部分变成矿床，堆成人们想尽办法去勘查的那些矿产。至于水、挥发性化合物、蒸汽、气体和溶液——所有这些物质从地下深处升上来的时候却是一路无阻，并不会在路上变成矿物的沉淀，所以它们就能到达地面，跑到大气里和海洋里去；这种情形在许多地质年代里，一直是这样，结果地面上的海洋和大气就逐渐形成了现在这个样子。

可是我们的空气和海洋逐渐有了现在这样的成分和性质，正是一部完整的地球历史在漫长的时期中演变的结果。

我们是住在地球的表面上。

我们的上方是大气圈，里面混杂着许多种蒸汽、气体、地面上和宇

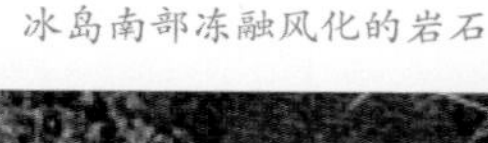

冰岛南部冻融风化的岩石

宙太空里的灰尘。在地面上 3 千米处或更高的地方就几乎丝毫不受地球变化的影响。那里，在银色云层以外，就进入了含氢比较多的区域，而在我们所能研究到的那个最高的界限上，还有氦气的光谱线在北极光的光谱里闪亮着。至于大气圈的下层，就是另一种情形：这里飘荡着火山喷发出的小颗粒物质，有被风吹起来的尘埃，有被沙漠地的狂风卷起来的沙子——这里是我们的一个特殊的化学活动的世界。

我们的这个世界里有池塘、有湖泊、有沼泽，还有苔原，这些地方都在逐渐地堆聚着腐烂的有机物。这些地方的底部都沉积着淤泥，淤泥里面也都在进行变化：铁逐渐集中起来变成豆铁矿；含硫的有机化合物在氧气不足的情况下，经过复杂的分解作用而形成黄铁矿的结核。微生物在暗中不断地进行作用，产生和聚集了越来越多的新产物。在海里，在一望无际的海水里面，这些作用的规模更大……

现在我们再看地球的陆面。二氧化碳、氧气和水都是支配着陆面变化的有力因素。陆面上石英质的细沙粒逐渐堆聚起来，越来越多；二氧化碳跟一些金属（钙和镁）化合在一起；陆面下硅的化合物破坏以后就变成黏土。风、太阳、水和严寒都促进了这种破坏作用，每年每一平方千米的陆面上被破坏的物质有 50 吨多。

破坏作用的范围，一直伸展到土壤下面很深的地方。陆面下 500 米处都还有上面所说的那些变化的痕迹；但一超过这个深度，破坏作用就停止了，因而出现另一个世界——生成岩石的地带了。

这就是我们在地球表面所看到的非生物界的生命。我们的周围没有一处不在进行着激烈的化学变化：旧的物体变成新的物体，沉淀上面又加上新的沉淀，生成的矿物逐渐集中在一起，而破坏了的和风化了的矿物又变成另一种矿物，裸露的陆地表面也在不知不觉中添上了一层层新的物质。海洋的底部，沼泽地里大堆的淤泥，岩石质的河床，沙漠地里成片的沙子——将来所有这些都会消失，或者被流水冲走，或者被风卷

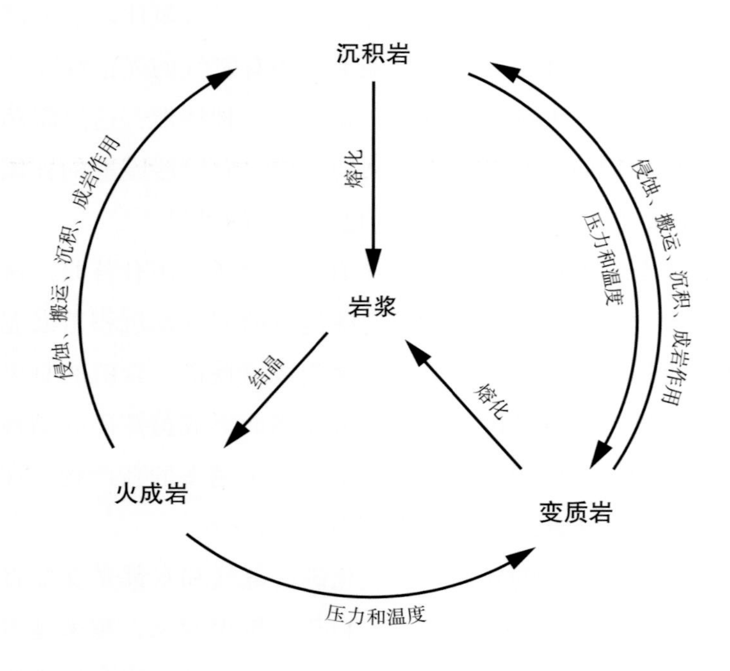

岩石循环示意图

走，或者被一层石头盖起来变成地下深处的宝藏。这样，陆面上的生成物破坏以后就逐渐逃脱支配陆面变化的那些因素的作用，逐渐被一层层新的沉积物盖上，而转入地下深处另一种环境里，再度变成岩石—— 一些全新的岩石。而这些岩石在这里，又会遇到大片熔化的岩浆，岩浆一穿透这些岩石，又会时而使岩石熔化，从而使矿物结晶出来。

地球表面的沉积物就是这样会重新遇到地下深处的岩浆，每一种物质的小颗粒都要在永恒运动的过程中经过无数次这样长途的旅行。

所以石头也是活的，它会变化，会衰老，还会重新变成另外一种石头。

3.2 石头和动物

现在我们知道，石头和动物之间有着极其密切的关系。有机体在地球上的活动范围只限于很薄的一层，这就是我们所说的生物圈。固然有些科学家在地面上 2 千米的高空发现过微生物的活菌，空气流又可以把植物的孢子和真菌带到地面上 10 千米的高处去，南美洲的一种鹫甚至可以飞上 7000 米的高空，但是生物圈很难对大气圈里特别高的地方发挥影响。生物在坚硬的地壳下面的活动范围也不能深过 2000 米。我们发现，只有在海洋里，活的有机体的活动范围才是从海面一直深到海底。可是即使单看我们的地表面，这里生物的分布范围也比一般所想象的广大很多。看了俄国著名生物学家梅契尼科夫（И. И. Мечников）所得到的数字，我们不由得会想：有些生物所忍受到的生活条件的变动要比地面所经受过的变动还大得多。

美国黄石公园中最大的温泉大棱镜彩泉。环绕在岸边的彩色物质是细菌和藻类，它们生活在温度高达 70℃的环境中

我想起了一篇旅行记里记载的情景，有个旅行队在北极圈内乌拉尔的冰天雪地里看见了一种繁殖力很强的细菌菌落。那些细菌繁殖得非常快，使北极圈内大片的冰面上开始出现一层浮土。美国有一个著名的黄石公园，里面一些温泉的岸上繁殖着几种藻，它们在将近 70℃的温度下不但能够活着，而且会沉淀出硅华来。

生命的范围真比我们所想象的大得多。拿细菌和霉菌或者它们的孢子来说，这些生物在 -253℃～ 180℃都可以活着！

在生物圈的正中地带，在我们所说的土壤这一薄层里面，活的有机体可以特别充分地发挥作用。在 1 克重的浮土里，活的细菌可以有 20 亿～ 50 亿之多！大量的蚯蚓、田鼠或者白蚁都在不断地弄松土壤，使空气里的各种气体容易透进去。真的，中亚每公顷的地里有 2400 万以上的比较大的动物（甲虫、蚂蚁、蜘蛛等）！至于微生物在浮土里的作用之

笛管珊瑚，产自苏联

石灰岩里的黄铁矿化菊石和贝壳，产自俄罗斯

大，那就根本无法估计。所以法国著名的化学家贝托莱讲到地球表面的时候，会把土壤说成活东西。

有些比较复杂的生物，它们从生到死都参加了生成矿物的化学作用。我们很清楚，由于珊瑚虫的生活怎样构成了整个的岛屿。地质学告诉我们，在地质史上的几个纪里，珊瑚虫生成了许多长几千千米的珊瑚礁，这都是海洋靠近海岸的区域里进行复杂化学变化的结果，都是海水里的碳酸钙堆聚起来的结果。

我相信，石灰岩是苏联境内分布最广的一种岩石；谁要是仔细地看过这些石灰岩，他一定很容易发现，这些石灰岩里含有多么多的生物残体：贝类、根足虫类、珊瑚类、苔虫类、海百合、海胆、蜗牛——所有这些生物的残体都混杂在一起。

大洋里有洋流相遇的地方，时常会突然出现一种新环境，使得那里的鱼和其他生物不可能再活下去。这些生物一死，它们的残体就沉在海底，这样堆聚起来的海底坟墓逐渐生成磷酸盐；从各种沉积岩所含的磷酸盐矿体来看，生物成群死去的这种作用不但在今天进行着，早在远古的地质时代也是进行过的。

有些生物在它们活着的时候就参加了生成矿物的作用，它们会把地球上的化学元素变成新的稳定的化合物，这些化合物的外形有的是动物的石灰质外壳，有的是磷酸盐的骨骼，还有的是硅质的介壳。另一些生物一定要在它们死后，残体中所含的有机物进行分解和腐烂的时候才开始生成矿物。这两种生物不论哪一种都是地质作用上极其重要的因素。地面上矿物的全部特征都不可避免地决定于生物界的进化史，现在是这样，将来还是这样。

岩石和矿物的开采，各处工厂的加紧生产，人类文化生活所提出的种种越来越多的要求——这一切就是在今天也已经是改变石头的有力因素了。

人在生产活动中不仅仅在使用地球上的富源，而且把地球加以根本改造：人们每年提炼出来的铸铁将近一亿吨，从种种天然产的矿石里提炼出来的其他金属也有好几百万吨。由于人有改造地球的本领，大自然里一些罕见的矿物，人也能够生产了。

3.3 天上掉下来的石头

1768 年，法国的居民受到了一些奇怪的天象的惊扰。那年，法国境内有三个地方从天上掉下来了些石头，那些受惊的居民不管科学上说些什么，却相信这是奇迹。那次掉下石头的情形是这样的：在傍晚将近五点钟的时候，突然发生了可怕的爆炸声。晴朗的天空突然出现了一块不吉利的云彩，接着就有一个东西呼啸着落到旷野上，这是一块石头，它落下来以后有一半陷在松软的土地里。农民都跑来了，想把这块石头弄出来，可是石头烫得碰都碰不得。他们一害怕就都散了，过了一些时候他们又来看这块掉下来的石头，发现它已经冷却，颜色发黑，非常重，还是陷在那个老地方没有移动……

巴黎的科学院对于这个“奇迹”很感兴趣，于是特别组织了一个调查团到现场去调查，团员里面包括著名的化学家拉瓦锡。然而在当时的科学家看来，天上仿佛不可能有石头掉下来，所以，这个调查团和巴黎科学院先后否认了这块石头是从天上掉下来的。

但是“奇迹”不断地发生：石头还是在掉下来，而且有人亲眼看见，因而证明了这些石头的确是从空中掉下来的。于是就有一批人出来反对巴黎科学院的那种保守思想，这些人里面包括捷克科学家赫拉德尼，他写了许多篇文章，证明天空中的确会掉下石头来。当然，石头从天上掉下来这件事，也引起了不少荒唐的说法。没有知识的人更把这种石头当作神圣的护身符；还有人常常跑来从这种石头上敲下一小块当药吃。1918 年，卡申市附近掉下了一块石头，农民就把它敲碎，再把碎屑研成粉末用作“治疗”重病的药剂。

现在我们知道，赫拉德尼是完全正确的，他说：从天上掉下石头的事每年都有，有时候是一块块地掉下来，有时候像一阵雨似的掉下来，

夜空中的流星雨，1783 年

掉下来的东西有时候是细小的尘粒，有时候是沉重的大石块，这种大石块，偶尔也会砸死人和引起火灾，还会打穿屋顶、陷入田地里或沉在池沼里。这种石头就是我们现在所说的陨石。

北极地区的白雪上面按说不会有灰尘，因为城市、道路和沙漠里的灰尘是飞不到这里来的，然而这里的雪地上还是有细小的尘粒，那就是“从天上掉下来的”；拿成分来说，这些尘粒很不像我们地球上常见的那些矿物。有些科学家想，落在地球上的这种“宇宙灰尘”每年有好几万吨甚至好几十万吨，也就是说，这类“灰尘”多得可以装满好几百节车皮。有些陨石是巨大的。在美国亚利桑那州直径 1.5 千米的一个巨大的穴口里，人们寻找陨石已经寻找了很久，直到现在也只发现了一些碎屑；证明这块陨石大概是铁质的，所谓的铁陨石，它所含的纯净的铁差不多重达 1000 万吨，能值 5 亿卢布，但是这块陨石本身一直没有被找到。

撒哈拉大沙漠里另有一块巨大的陨石，一些阿拉伯人运走了这块陨石的碎屑，现在他们对这块陨石有种种说法，但都没有说清楚它掉下来的真相。1908 年 6 月 30 日，在遥远的中通古斯卡河沼泽地的荒林里掉下了一块巨大的陨石，当时整个西伯利亚的东部都出现了强烈的气流波动，地面也震动得厉害；那次地球表面受到的撞击，连远在澳大利亚的精密仪器都能测出来；近年来，苏联就这块陨石的问题已经进行了多次有趣的研究。

1927 年，苏联科学院组织了一个调查团，在果敢的矿物学家库利克（Л. А. Кулик）率领下来到这块陨石掉下的地方进行了调查。调查团发现那里整片的树林都倒下来烧光了。当地的通古斯族居民说，那次陨石掉下的情形可怕极了。响声震耳欲聋，强烈的暴风刮倒了树木，许多鹿都死掉了，地面也震动起来了，而且这一切都是在一个有太阳的晴朗的早晨发生的。这块巨大的陨石究竟掉在哪里，现在我们还不知道，但是我

通古斯地区因陨石爆炸而倒下的树，拍摄于 1929 年 5 月

们坚信，人们迟早一定会揭破西伯利亚荒林里的这个秘密的。

那么陨石究竟是些什么东西呢？它们是从哪里飞落到地球上来的呢？我不打算描述陨石的外观——读者最好到苏联科学院矿物博物馆去看看，或者请看一下这篇文章里的插图。

至于陨石的内部结构和成分，那是非常奇特的。有些陨石很像我们地球上常见的岩石——虽然其中所含的矿物有些还没有在地球上发现过。有些陨石几乎是纯净的金属铁，而铁里面有时候又混杂一点一点的黄色透明的矿物——橄榄石。

不管是铁质的陨石还是石质的陨石，都不是我们地球上的东西，因此毫无疑问，陨石一定是从另一些天体上飞来的。那么是从哪些天体上飞来的呢？也许陨石就是早在月亮的表面处于熔化和沸腾状态的时候，从那个表面抛出来的火山弹吧？也许陨石是在木星和火星之间绕着太阳放置的小行星的碎块吧？再不然就是偶尔飞近地球的一些彗星的碎片吧？这个问题我们还回答不上来，我们现在还不知道这些天外飞来的客人是从哪里来的；目前只有一些大胆的推测在帮助我们想象陨石在辽阔的宇宙太空中的历史。

再过一些时候，我们所积累的知识够丰富了，自然就能把大自然里的这个秘密揭露出来。但是要做到这一点，我们一定要使自己成为一个优秀的自然科学家，一定要仔细研究我们周围的一切现象并加以正确的描述，此外还得把这类现象拿来互相比较，找出它们的共同特征和相异各点。多年前，法国著名的博物学家布丰曾说“必须搜集事实，思想是从事实产生的”，这话完全正确。

而现代的矿物学家也正是在这样做：他们细心地搜集陨石，研究陨石的成分和结构，把陨石和地球上的各种岩石加以比较，然后做出许多有趣的结论和推测。

1868 年 1 月 30 日，当时的沃姆扎州下了一阵陨石雨，掉下了落在

两个男孩坐在美国自然历史博物馆的威拉姆特铁镍陨石上，拍摄于 1911 年。这块陨石重约 15 吨，1906 年运到了纽约。由于它在地面下埋藏的时间很久，表面上出现了许多不规则的凹陷

美国俄勒冈州的巨大的铁陨石，1906 年被运到了纽约。这块陨石重 15 吨多；由于它在地面下埋藏的时间很久，表面上出现了许多不规则的凹陷；几千块陨石，那些陨石都不一样大小，外壳是黑的，曾经熔化过；那些陨石有掉在地面上的，有掉在刚刚结了冰的河面上的，但是连薄薄的冰层，它们都没有打穿。

还有过一些陨石斜落到地面上（1867 年落在阿尔及尔），但是落下的速度太快，力量太大，结果把地面打出一道一千米长的深沟。通常掉下来的陨石都热得厉害，有时候会热到 2000℃以上，但是它发热的部分只是一层表面，至于内部通常都冷得很——冷到手指一碰上去就会冻

僵。常有一些陨石在朝地面掉下的时候，会和空气摩擦而产生激烈的爆炸。有时候陨石在朝地面飞落时会散碎成灰尘，或者像雨点似的掉下来——这样在几千米长的地面上都散布着陨石块坠落的痕迹。

各式各样的陨石碎块和碎屑都已经仔细地收集起来，藏在各个博物馆里。全世界有四个博物馆（莫斯科的苏联科学院矿物博物馆，芝加哥的博物馆，伦敦的不列颠国立博物馆，维也纳的国立博物馆）所收集的陨石是最好的。

关于从天上掉下石头的有趣的故事非常多，但是没有一个故事能给我们揭露陨石来源的秘密。

下面是 1937 年 10 月 27 日苏联《消息报》刊载的一段消息：

“卡因查斯”陨石运到了莫斯科

9 月 13 日，在鞑靼斯坦共和国境内穆斯留莫夫地区和加里宁地区交界上的“卡因查斯”集体农庄上空掉下了一块巨大的陨石，陨石的碎块分落在田野里和森林里，其中的一个碎块重达 54 千克，掉下来的时候，险些把当时正在田里工作的集体农庄女庄员玛甫里达·巴德里耶娃砸死。她离陨石落下的地方还有四五米远，但是那时候产生了极其强烈的气流，把她推倒在地上，使她受到了震伤。

同时，另一块重 101 千克的陨石碎块落到了森林里，打断了一棵树的几根树枝。这个陨石就因为它掉在“卡因查斯”集体农庄而被叫作“卡因查斯”陨石。不久以前，它已经运交苏联科学院的陨石调查委员会。在苏联科学院所收集的这类陨石里，这块陨石的碎块是最大的，它在陨石登记册上所编的号码是 1090。

跟这块陨石一齐运到莫斯科来的还有另外四块碎的陨石，其中有一块只重 7 克，这是“卡因查斯”地区居民在当地找到的一块最小的陨石。这个集体农庄的所有庄员都积极参加了收集陨石碎块的工作。

本年5月12日，吉尔吉斯共和国境内掉下了一块重3千克的石陨石。这块陨石是一个集体农庄庄员阿列克—巴依·捷康巴耶夫找到的，所以就叫作“卡普塔尔·阿列克”，它也已运到了莫斯科。这个集体农庄庄员因此得到了奖赏。

我们可以在11月里到户外观赏一下黑夜的星空。这时候会有许多星星朝各个方向掉下去，每掉下去一颗星星，天空就出现一道光线。这是因为有些我们所不知道的天体在宇宙太空里从地球旁边掠过去。这些天体只有在进入地球外围大气圈的短暂时间里才会闪亮。我们的周围经常有成百上千颗这样的流星，但是没有一颗流星会在发生星流的日子里朝我们的地球掉下来。流星和掉在我们地球上的陨石，不管它们飞行的情形多么相似，却并不是同一种东西。但是，在任何情形下从天上掉下来的石头，也都是我们在寒冷的冬夜里欣赏着的那个星空里的颗粒，也都是大宇宙里我们所不知道的那些天体的碎块。

世界上根本没有奇迹，奇迹只是人们不了解的事物的别名。让我们加强工作来了解这些事物吧！

3.4 不同季节里的石头

石头在一年四季里也会起变化吗？拿生活来说，石头是像一年生植物那样呢，还是比较像多年生的针叶树呢？也许石头会像鸟那样改变羽毛的颜色，或者像蛇那样——每年都要蜕皮吧？一遇到这些问题，我们不由得会想抢先回答说：不，石头是死东西，是没有生命的，不管在春天或是在冬天都不起变化。但是我想，这样的答案恐怕有点轻率，因为许多矿物都是在一定的季节里生成的，而且会在一定的季节里起变化。

我们知道，有一种矿物，性质非常特殊，它只能在一定的季节里存在，这就是说，它一到春天就消失，而一到秋天或冬天就又集聚起来恢复原状。这种矿物就是固态的水——冰和雪。乍一听，这话有点奇怪，但我们可以想想，冰有时候也像石灰岩、沙岩和黏土一样，是一些地方的普通岩石。在雅库茨克地区常常可以遇到整块的冰岩，其中的冰往往跟沙子和其他岩石一层层地交叠着。假定我们住在 -30℃～ -20℃终年冰冻的地方，那么这里的冰在我们看来就是最普通的石头，它会形成许多岩石和山脉，而它的融解状态我们就叫作水。这里的水我们会觉得它是非常少见的矿物；如果某处的冰偶尔受到阳光的照射而液化，我们看了都会喜欢——正和我们看见火山地区有熔化的硫或者看见温度计里凝固的汞滴而感到惊喜一样。

但是，可以叫作季节性矿物的不只是冰和雪——这样的矿物多得很：在北极地区和沙漠地带，在春天和秋天我们随处都能遇到这样的矿物。

春天的莫斯科附近，在春水流走以后，黑色黏土上会出现一片美丽的淡绿色物质：这是一种盐——绿矾，是黄铁矿受到含氧很多的春水的氧化作用而生成的。这种物质像杂色的花纹那样布满在河谷斜坡的面

绿矾，即七水硫酸亚铁样品

上。但是在来年春天到来以前，第一场雨就把这种物质冲走了。

沙漠里这种颜色变换的景象尤其出奇。我在卡拉库姆沙漠的时候，有一次看见一些盐在这个荒凉的环境里出现得非常奇幻。那次是夜里先下了一场暴雨，第二天早晨盐沙地的黏土表面上出乎意料地密布了一层像雪一般的盐；这些盐的形状有像树枝的，有像细针的，也有像薄膜的，脚一踩就发出沙沙的响声……但是这幅景色仅仅延续到那天的中午——沙漠地的热风刮起来了，一阵阵的风在几个钟头里就吹散了这些盐花。到了傍晚，我们所看见的这个盐沙地又是那种灰暗的颜色了。

在苏联中亚的盐湖里，特别是在里海岸边著名的卡拉博加兹戈尔湾里，这种季节性矿物的变化更加巨大。在冬天，卡拉博加兹戈尔湾里总有千百万吨的芒硝沉淀出来，被海浪打到岸上来，看上去好像一片白雪，到了白天，这些盐又重新溶解在卡拉博加兹戈尔湾温暖的海水里。

但是最奇妙的石头的花朵，出现在北极地区。沙皇时代有一位矿物学家德拉威尔特（П. Л. Драверт）曾被流放到北极的雅库特盐泉区，他在这个冰冻的环境里一连住了六个月，观察一种矿物的奇异的生长情形：在温度低到 -25℃的冰冷的盐泉那里，泉边的护垣上总要出现许多很大的六角形晶体，这是一种非常稀有的矿物，叫作“水石盐”；这种矿物在快到春天的时候就散碎成普通的食盐粉末，而临近冬天就又长成六角形晶体。拿德拉威尔特的话来说，“在它那有光泽的结晶图案般的表面上行走，简直令人有亵渎神灵的感觉，它就美丽到这种程度。”

我们读到德拉威尔特谈他找到水石盐以及最初研究水石盐情形的

美国加利福尼亚索尔顿湖中的芒硝

信，真觉得很感动。晶体必须从温度在 -29℃的盐水里分离出来。要确定晶体的硬度，又得在 -21℃的气温中用它来刻画冰块或者石膏。甚至德拉威尔特做化学实验的那间屋子也冷到了 -11℃。

下面就是德拉威尔特叙述他在北极雅库特地区研究这种季节性矿物的情形：

我很自然地产生了一个念头，无论如何都要给这些晶体造一个型。起初我决定把晶体的形状印在石膏上，然后给石膏模子灌铅。但是没有石膏；我在克孜勒吐斯找到的漂亮而又透明的石膏还在原处放着，不可能拿来用。所以我就出去另找石膏。我在离住处 4 俄里的地方发现了一些很坏的石膏的露头，然而我看见这种石膏已经像看见糖那么高兴了。我把石膏进行了煅烧，捣成了粉末，过了筛并且做完了许多手续，可是，哎呀，把晶体按进石膏的时候晶体都碎了，并且熔化了，而石膏在冷处又会凝固，不可能把晶体紧紧裹住。我糟蹋了许多材料，所得到的却是一些可笑的模型。好了，我弄来的石膏都用完了，只得动用茶匙来帮忙了……我们还剩下一点奶油（我们那时候常常挨饿，粮食已经没有了）；得到了同伴的允许，我就用了奶油。原来我想用奶油造了型再灌石膏。这样，我就造成功了几个模型；我把这些模型放到特别冷的地方去让它们凝固；可是两个钟头以后我去看时，模型一个都不见了——都让老鼠吃掉了。我差一点哭出来……

能够用来造型的其他材料一样也没有，不然就是我不知道方法。突然我快得像闪电似的想出了一个办法：利用炉火！在我们住的这个半倒塌的屋子里有一个俄罗斯式的壁炉，这个壁炉总是燃烧得很旺，因为烟囱上的风门已经没有了。我把几个晶体，放在炉口前面离火不同远近的地方。这步操作我是戴上了皮手套做的，因为炉火热得不能直接用手挨近。晶体都开始熔融了，失去了一部分水以后，有些晶体的形状还不怎么改变，但是有些都像开花的洋白菜那样分出了许多小嫩枝，使晶体的外形完全改变……

一连几天我都站在壁炉跟前，变换着实验的条件。最后，总算达到了使晶体不变原形的目的。方法是把晶体放在燃烧着干柴的炉口前来烘干，因为承放干柴的炉底上有通风的孔隙，所以晶体里的结晶水很快就经由孔隙逃走了。

雅库特的这种季节性矿物，西伯利亚北极圈里各盐泉中冬天开出的这种奇异的花朵，就是这样研究明白的。

上面我只举了很少的几个例子来说明石头在不同的季节里所发生的显著变化。但是我想，假如我们用显微镜来观察矿物，用精密的化学天平来称出矿物的重量，那么我们还会发现，许多其他的矿物也都过着类似这样的奇异的生活，经常要在冬天和夏天变化形状。

3.5 石头的年龄

石头的年龄能够加以测定吗？“当然不能”——读者一定会这样回答。因为读者知道，动物或者植物的年龄尚且很难测定，那么，石头能够存在很久很久，在长得无法知道的时间过程内，它的生活的起点和终点当然更说不上来了。但是实际情形并不完全是这样，有时候我们看了矿物的本身就能知道它的年龄。

有一次我到克里木去旅行，在那里研究了萨克盐湖的沉积层。湖里有黑色的淤泥，可以治病，淤泥的面上早就长成了一层石膏壳。为了取出淤泥来进行泥浴，我就设法把这层壳去掉。但这层壳却散碎成了无数细小的针状体和尖角形的小石头。

我发现这些针状的石膏晶体里都有黑色的小线条。把这些针状晶体拿起来互相比较，我很快就看出：这些黑色的小线条在石膏壳里都分布在水平方向里，而且总是层次分明的。这个谜很容易猜破：石膏晶体每年都在生长，特别是在春水泛滥以后的夏天生长，因为春天一发水，浑浊的泥水就从周围的山上流到湖里去，而这些水就使石膏的晶体上出现一些黑色的小线条。每一根线条代表石膏生命史上的一个年头，也就相当于我们在树干的横断面上看得很清楚的那种年轮。想不到这里的石膏晶体就这样说出了自己的生成史——它们的年龄不超过 20 年；再看晶体里比较干净的和黑色的小线条的厚度，我们还说得出某一年的春雨多不多和夏天热不热。

在欧洲东部著名的盐坑里也能看到这一类的年轮，但这里的线条却粗大得多。这里的地面下有一间间被电灯照亮了的大屋子，壁上有一条条不同色调的横条纹，很有规则地互相间隔着。我们知道，这种条纹也相当于年轮：在早已消失了的二叠纪的帕尔姆海沿岸有许多小盐湖，湖里的盐成层地沉积下来，就形成了这些年轮。

然而有一种矿物更加奇异，那就是苏联北部非常多的带状黏土。这种黏土是古代一些湖泊和河流中的沉积物，这些河和湖是从一个巨大的冰川流出来的，那个大冰川大约在两万年以前完全覆盖了苏联北部的地面，它有几处还向南流得很远，甚至流到了俄罗斯南部的草原。根据黏土粒的颜色和大小，可以把沉积的黏土层分为两类：冬天沉积的，颜色比较深；夏天沉积的，颜色比较浅。这样的层次足有好几千，恰好是苏联北部的一个精确的年代表。在地质学家看来，这里的带状黏土就是一部历书，就是描述和记载整个苏联北部的一部编年史。

各种石头的年龄，在矿物学上另有一些测定方法，比上面说的精确得多。大部分岩石和许多种矿物里都含有镭，镭是一种稀有的金属，它本身就是由其他的金属蜕变成的，而它生成以后又要慢慢地变成其他的元素，特别是变成铅。镭在这个变化的过程中还不断地放出氦气来。镭变化的时间越长，变出来的铅和氦也就积累得越多。只要知道某种岩石含有多少镭，知道这些镭每年会变出多少铅，那么，根据铅的生成量就算得出这个变化已经开始了多久，也就是说，从矿物生成的那时候起已经有了多长的时间。

现在我们大致可以相信，年代最久的矿物和岩石的年龄是 10 亿～ 20 亿年。芬兰和白海沿岸的岩石的年龄，多半是 17 亿年。苏联顿巴斯的煤层大约是在 3 亿年前沉积出来的。根据测定了的岩石的年龄，我们已经可能给地球列成这样一个年代表：

太阳系各行星形成	5000000000 ～ 10100000000 年前
坚硬的地壳形成	2100000000 年前
最初的生命出现	900000000 ～ 1000000000 年前

（续表）

甲壳类出现 （圣彼得堡近郊的蓝色黏土）	500000000 年前
盾皮鱼类出现 （泥盆纪）	300000000 年前
石炭纪	250000000 年前
第三纪开始和阿尔卑斯山生成	60000000 年前
人类出现	约 1000000 年前
冰川时代开始	1000000 年前
冰川时代最后一期结束	20000 年前
精制石器开始	7000 年前
铜器时代开始	6000 年前
铁器时代开始	3000 年前
现代 （公元前）	0 年前

这就是自然史上以往各时期的年代表，它是根据石头的启示而列出的。再往前溯，这个年代表就开不出来了。尽管科学家的求知欲很强，可是他们对于地球史和太阳史以前的事情还是无法知道的。上面这个表里的数字也只能是初步的、接近于真实情况的数字，这一点读者也看得出来：现在仅仅是立了一些标杆，试图去测量出过去的时间。人们还要付出许多劳动，还会犯许多错误，最后才能修正这个表里的近似数字，来开出一张准确的地球年代表，才能根据石头的编年史，来认识地球的过去。

科学家也还要做许多研究工作，才能实际应用地球年代表，才能使植物和动物的年龄成为测量过去时间的准确的钟表。

第4章 宝石和有用的石头

4.1 金刚石

在一切宝石里面，金刚石是最能发光、最奇异的了。金刚石是任何别的石头都比不上的！它光芒四射，发出彩虹的全部色彩，而它又比任何其他天然产的物体更硬，怪不得人们把它叫作“金刚石”。但是我们不仅能在珠宝店的橱窗里或宝石博物馆里看见金刚石；玻璃工人在切玻璃的时候要用金刚石，许多工厂和作坊也要用金刚石的尖角来进行极其细致的加工工作。金刚石在所谓钻机这类器械上是特别需要的，钻机在悬崖和岩石上钻孔，以便往里面填炸药准备爆炸。最后，要用薄锯来锯钢或者锯断坚硬的石头的时候，要磨薄一些坚硬的金属板的时候，都要

表面镶嵌了 2 毫米金刚石颗粒的钻头，用于在玻璃等材料上钻孔

使用金刚石粉。人们能在山里凿通 10 ～ 15 千米长的隧道，能用钻机钻到地面下 4 千多米的深处，又能制造极其精密的仪器，精密到它们所划成的一道道痕迹和线条不用放大镜看不见——这一切之所以可能，也完全是因为人们掌握了金刚石。因此，现在生产的金刚石总有一半以上用在技术上，连最不好的、不透明的以及有裂缝和杂质的金刚石也都有了用处，也就不足为奇了。

金刚石的价值在于它同时具有好几种宝贵的性质。金刚石是天然产的最硬的石头，只有金刚石相互间才能够刻画、切断和磨光[1]。

除了熔化的金属或者熔化的岩石外，人们所知道的任何其他液体都不能用来溶解金刚石。金刚石在普通的火焰里不会燃烧，只有和硝石熔化在一起时才能在高过 800℃的温度中燃烧。最后，金刚石还有一个特殊的性质：它会散射太阳光，也就是说，它会像雨滴那样使天空出现鲜艳的虹彩。琢磨过的金刚石散射出来的虹彩尤其鲜艳，使我们对它留下非常深刻的印象。

但最奇怪的是，金刚石的成分很简单，只含碳一种元素。金刚石不同于普通烟筒里的烟灰，也不同于铅笔里的黑色的石墨，仅仅是因为金刚石里的碳原子是另外一种排列法。

现在，金刚石已经由奢侈品变成技术上得力的工具了。金刚石的每一颗晶体落到人的手里都能发挥作用：最好的、最纯净的金刚石晶体可以磨成钻石；有些金刚石晶体可以嵌在钻机的钻头上，可以制成雕刻用的细针，又可以磨成平的蔷薇花形钻石；还有一些金刚石可以研成粉末用来琢磨其他坚硬的宝石和金刚石本身。就价格说，甚至很小的金刚石粒也比跟它同重量的贵金属——铂和金贵二三百倍；至于大粒金刚石的价格，任何最稀有的元素也比不上。关于这一点，只要想到一件事就够

1. 近年来，人类的聪明已经超过了自然界：人已经在炉子里制得了一种叫作碳化硼的物质，碳化硼在有些情况下甚至比金刚石还要硬。但是碳化硼的脆性极大。

荷兰阿姆斯特丹加桑钻石公司切割的钻石

了：南非洲开出过一颗最大的金刚石——著名的非洲之星，重达 600 多克，当时它的价格是 200 万金卢布。

现在每年开采出来的金刚石，价值在 2.5 亿金卢布以上，这个数字在每年开采的天然矿物中相当于铜和银的产量的总值。

有了上面所说的种种原因，难怪金刚石要引起研究家的密切注意了，而金刚石的成因和它的人工制法的问题，也就成了具有极大理论意义和经济意义的问题。

长期以来，人们只知道在一些河流的冲积层里寻找金刚石：印度和巴西产的金刚石都是淘洗河沙而取得的。那时还没有人知道金刚石含在哪些岩石里。

从库利南原矿石中切割并磨出的9粒大钻石

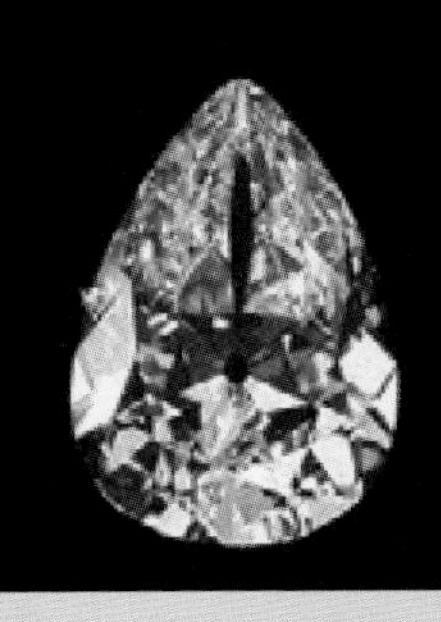
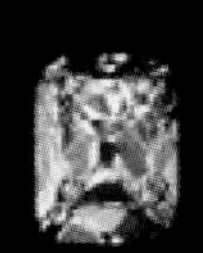
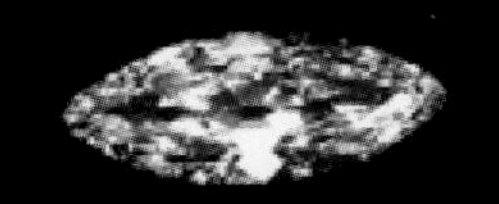

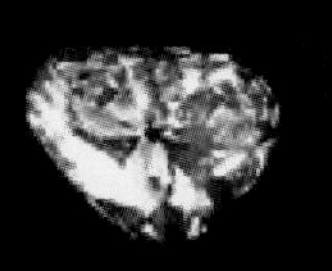

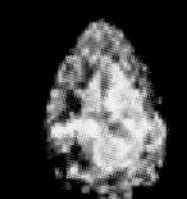

“非洲之星”

“非洲之星”是世界上最大的钻石，但它只是世界上最大的金刚石矿石“库利南”的最大一部分。这块矿石是于1905年1月，由南非普列米尔金刚石矿山一位叫佛烈德维尔的监督员发现的。他在矿场散步时，在阳光下发现一个闪光物体，起初以为是泥里的玻璃瓶，再仔细观察，他几乎不能相信自己的眼睛，竟然是一块拳头大小的金刚石。后来他因发现奇宝，获得了一万美元的赏金。最后矿石以当时该矿总经理的名字——“库利南”命名。

原矿石是一块晶体不太完整的金刚石块，它纯净透明，带有淡蓝色调，是最佳品级的宝石金刚石，重达3106克拉。由于原石太大，必须将其打碎，后由三个熟练的工匠，每天工作14个小时，琢磨了8个月一共磨成了9粒大钻石和96粒小钻石。

其中最大的4粒为英国皇室拥有，它们是：

“库利南1”：为梨形，重530.2克拉，后来镶在英王的权杖上，这粒巨钻被称为“非洲之星”。它有74个刻面。

“库利南2”：为方形，重317.4克拉，镶在英王的王冠上。

“库利南3”：为梨形，重94.4克拉，镶在英女王王冠尖顶上。

“库利南4”：为方形，重63.6克拉，它是由分割专家把其中最小的一块钻石分割为二，即“库利南3”和“库利南4”而成。它被镶饰在英女王王冠的边上。

英王王冠

英王权杖

后来，大约在100年前，有一个南非洲的小女孩在当地的沙地里游玩时，首先找到了一颗金刚石。从那时候起，南非洲就成了全世界开采金刚石的中心；现在，整个南非洲的100万居民都以开采金刚石为职业了。

地质学家到南非洲去研究的时候，他们很注意当地的一些巨大的漏斗状凹地，这些凹地里到处都是含有镁和硅酸盐的一种岩石，叫作角砾云母橄榄岩。这些漏斗不但穿透了花岗岩本身，而且穿透了花岗岩面上好多层各种各样的生成物。可见，当初熔化状态的角砾云母橄榄岩在朝地面升上来的时候，曾经发生过十分巨大的爆炸！这种岩石所含的大量的气体和水蒸气领先开路，冲出了漏斗状的火山口，接着，熔化的岩浆也朝地面涌上来；岩浆本来受着极大的压力，现在压力突然减小，所以岩浆一阵阵涌出得非常凶猛；涌上来的岩浆，有的在半路上就凝固了，有的却把上面那层凝固的壳重新突破，并且把周围岩石的碎块也熔混在一起。这样，喷出来的岩浆凝固以后就生成了类似玄武岩的一种暗色的岩石。金刚石在这种岩石里是分散着的，而且含量极少：每一吨半岩石里，金刚石的含量不会超过 0.1 克。

这种岩石里的金刚石是在什么时候生成的，是怎样生成的？为了这个问题，研究家发生过许多争论，他们作过许多科学的推测。现在已经搞清楚，金刚石是从角砾云母橄榄岩的岩浆里结晶出来的——起初岩浆在地面下非常深的地方处于熔化的状态，受着极大的压力，那时候金刚石已经从这种熔化物里结晶出来了。

但是，既然知道了金刚石是这样生成的，我们能不能仿照自然界的样子，在实验室里创造出同样的条件，用人工方法制造金刚石呢？科学家早就费了不少力气，想用煤炭和石墨来人工制造金刚石。

角砾云母橄榄岩，产自中国山东省蒙阴县

多年前，科学家先后在熔化的银子里和熔化的岩石里制得了人造金刚石，但是从这些熔化物里析出来的金刚石晶体非常小。至于比较大的、比较好的金刚石晶体，到现在为止还没有制造成功。

但是我们可以想象，将来化学家一定会在一些特制的炉子里制得非常纯净的大颗金刚石晶体，而且要多少就制多少。

到了那一天就会怎样呢？

到了那个时候，技术方面就会得到全面改造：用坚硬的金刚石来做的齿、锯、钻等器械，将使机器完全改观；在山上钻孔将变成轻而易举的事；金属也将用金刚石、金刚石锯、金刚石粉来切、锯、磨光了……

我们相信，这一切是会实现的。然而在今天，这还只是科学家大胆的、奔放的幻想！

我们不应该忘记，有科学根据的幻想往往不久就会变成现实。应该回忆一下，法国科学幻想家儒勒·凡尔纳在他的小说里所描写的奇幻情景，有许多今天已经变成现实了。

4.2 水晶

拿一块水晶和一块玻璃放在一起，无论看颜色或是看透明度，它们都很相像。如果把它们打破，它们的断口的棱是一样锐利的，断口的形状也是一样。但是它们之间是有区别的：把水晶拿在手里，拿上半天，水晶还是凉的，而如果拿的是玻璃，那么玻璃很快就变暖了。怪不得古代有钱的罗马人如果住在热的地方，就要在家里预备一些大的水晶球体，好让皮肤跟它们接触而感觉凉快。摸着水晶会感到凉快，是因为水晶的传热性比玻璃的强得多，手上的热很快就会传到水晶的里外各处，而玻璃却只有表面传得到手上的热。古代希腊人是不是知道水晶的这个性质，我们不敢说，但是无论如何，“水晶”的希腊文名称是从希腊的“冰”字来的，因为水晶和冰确实非常相像。难怪罗马著名的科学家老普林尼在讲到水晶的时候曾说：“水晶应该是由天空里的湿气和纯净的雪生成的。”

水晶是石英的透明、纯净的结晶的变种，石英这种矿物我们随处都能遇到。各处的沙粒，苏联北部花岗岩里半透明的灰色石头，磨刀石的碎粒，乌拉尔所产的小装饰品——杂色的玛瑙或碧石，这都是石英。

纯净透明的水晶晶体，有的很大，常有重达 15 ～ 20 千克的。乌拉尔极北区所产的透明的水晶晶体有重达一吨的[1]，马达加斯加岛所产的有重达半吨的。因此，一个水晶晶体就足够用来雕成种种整件物品，例如，莫斯科的兵器库博物馆里陈列着水晶造的茶炊，而维也纳的艺术博物馆里还陈列着一支在雕刻上和格调上极其漂亮的长笛！

在瑞士和马达加斯加岛，水晶是在巨大的地洞——山洞里生成的。

---

1. 这些奇异的晶体已经运到莫斯科，收藏在科学院矿物博物馆里。

不久以前，苏联有一个大胆的矿物学家深入很难到达的乌拉尔极北区的荒地，也在那里发现了一些藏有透明水晶的“地窖”。

水晶是一种稀奇的、珍贵的石头。我们最好就水晶再多说几句，因为近年来水晶在各方面已经得到了非常广泛的使用。我们已经说过，水晶很善于传热，因此，凡是需要把热很快传走的地方就要用水晶。另外，水晶具有特殊的电的性质，所以好多种电学仪器，特别是在无线电工程上，都要用水晶来制造零件。在制造一些很细致的精密仪器的零件时，水晶是独一无二的原料。这是因为水晶的硬度很大，极难熔化，成分又极其纯净，而且不受酸的腐蚀作用的影响，这些性质都是极有价值的。然而水晶还有另一些宝贵的性质。把它拿来放在电炉里加热，差不多加热到 2000℃时，水晶就会熔化成液态玻璃的样子；这样，就可以像在玻璃工厂里似的，用液态水晶来制造杯子、管子和板等。从外表来看，水晶制品仿佛和普通的玻璃制品一模一样，其实它们并不一样：普通玻璃造的杯子，加热后再扔进冷水里，或者反过来，沸水倒进了冷玻璃杯里，杯子就会炸裂。然而杯子如果是石英质的，就不会这样：即使你把这样的杯子加热到发红，再把它扔在冰水里，它也不会炸裂。水晶还有一种奇异的性质——可以把它抽成极细的石英丝。固然，普通的玻璃也可以抽成细丝，甚至可以制成玻璃绒，用来装饰枞树或者用在化学实验里代替滤纸。但是用熔化的石英玻璃抽成的细丝，几乎可以细到肉眼看不出来。把 500 根这

透明水晶，产自尼泊尔

样的细丝并排放在一个平面上才有普通火柴梗的一边那样宽，25 万根这样的细丝合在一起才有普通火柴梗那样粗。这样的细丝是把熔化的水晶用很小的弓射出去而制得的！

水晶既纯净又透明，所以古代人早就把它当作上等的材料，来雕刻图章或制造精巧的工艺品了。乌拉尔的斯维尔德洛夫斯克市附近的别列佐夫村里有一些手艺工人，他们会在普通的车床上很快地把石英质的小石子车圆，再制成小珠子。把中心穿了孔的这种珠子 50 ～ 70 粒，用线连在一起，就是一条很好看的闪亮的项链，看上去仿佛是用金刚石做的。

现在，水晶在我们的生活里、在工业上和技术上的用量已经越来越多，用途也越来越广，所以人们也就更要设法用人工方法来制造水晶，用实验室来代替自然界了。我们既然能在炉子里用人工方法来制造红宝石和蓝宝石，既然对于千百种盐和矿物的制造都知道得很清楚，那么我们难道就不能在实验室里制造简单的石英晶体吗？要知道，我们这地壳有 1/6 的成分是石英，而地球上这种普通矿物在我们周围生成的晶体有上千种。但是，要人工制造水晶毕竟不是轻而易举的事。长期以来，化学家和矿物学家始终不知道水晶的人工制法。直到不久以前，意大利的科学家才找到了这个答案，在非常复杂的状况下，在特制的结晶皿里结出了美丽、透明的石英晶体。晶体的长度虽然还不能超过 1.5 厘米，可是，正确的道路好像已经找到了；所以我相信，过不了几十年，地质学家就不必再冒生命危险爬到阿尔卑斯山高峰、乌拉尔或者高加索的高山上去寻找石英的晶体，也不必再到巴西南部干旱的沙漠或者马达加斯加岛的冲积地去找水晶了。我还相信，将来的石英工厂一定会把一些过热的溶液放在密闭的大桶里，再用白金丝来使溶液里结出透明的水晶。到那时候，我们需要哪些石英制品，只要给工厂打个电话去订货就成，而矿山工作者也就可以由化学家来代替了！

4.3 黄玉和绿柱石

除了金刚石和水晶外，还有一些宝石，其中有的是纯净透明的像泪珠似的，有的是带着各种漂亮的颜色的——例如黄玉、绿柱石和电气石等。有一种绿色透明的绿柱石特别好看，叫作祖母绿，拿价值来说也跟金刚石不相上下。

我们要问：这些宝石是怎样生成的呢？这些宝石的生成史大概是这样的：

在远古的地质时代，地球表面经常发生造山运动，熔化的花岗岩岩浆就在这个缓慢的过程中逐渐凝固起来。我们知道，把热的牛奶放在一旁冷却的时候，其中比较富于脂肪的成分就会凝集在上面；同样，花岗岩岩浆在完全凝固以前也会先分成几个不同化学成分的层次，这种作用

黄玉，产自巴基斯坦

就是岩石学上所说的分异作用。在分异作用的过程中，首先聚在一起而结晶出来的是基性矿物，里面含镁和铁很多，剩下来的处于熔化状态的岩浆就含有二氧化硅（石英）比较多。许多种挥发性化合物的蒸气聚集在这种液态岩浆的内部，还有极少量的稀有元素也分散在整个岩浆里面。此外，岩浆内部还渗透着大量的水蒸气。因此，花岗岩岩浆的表面已经在开始凝固了，可是生成的薄壳上却要出现许多被突破的口子和裂缝。聚集在薄壳下面的各种蒸气因为要不断地突破薄壳，就会为其余的熔化的岩体打开自下而上的通路。聚集在这种由表面冷却作用而产生的裂缝里的是含有大量二氧化硅的最后一部分岩浆，里面渗透着水蒸气和其他挥发性化合物的蒸气，后来，这部分岩浆按照物理化学的定律逐渐地凝固并且结晶时，就生成了所谓的伟晶花岗岩脉。伟晶花岗岩脉从它自己的中心，像树枝那样朝各个方向伸展出去，从各个方向突破了花岗岩岩体的表面部分，还突破了已经凝固的其他岩石的硬壳。这种岩脉的

锂云母，产自哈萨克斯坦

海蓝宝石，产自纳米比亚

结晶作用是在500～700℃的温度下进行的。进行这种作用的物质已经不完全是熔化物，也不是纯净的水溶液，而是大量的蒸汽和气体由于相互溶解和相互饱和而生成的一种特殊状态的物质了。但是这种岩脉的凝固过程很复杂也很缓慢。它要从岩脉的外壁开始，也就是从跟它接触的那些岩石所在的地方开始，然后慢慢地移到岩脉的中心，使岩脉内部处在流动状态的那个范围越缩越小。凝固的结果，在有些情况下生成了粗大的粒状物，里面一个个的石英晶体和长石晶体往往长到3/4米，片状的黑云母或白云母也会大得像盘子那样；在另外一些情况下，各种矿物就要按照严格的、一定的顺序结晶出来，而且通常会生成很奇异的结构，这就是一般所说的文象花岗岩，又叫作希伯来岩。但是，岩脉里的物质并不是在生成美丽的文象花岗岩的时候就已经完全变成固体了。这时候岩壁和岩壁之间还常常有一些空的间隙，这种间隙可能是狭小的裂缝，也可能是巨大的空隙。一切元素和化合物，无论是最初以挥发性的蒸气状态充满熔化的岩浆里的，或是含量极少、分散在整个岩浆里的，这时候都会在这些裂缝和空隙里开始结晶出来。这样，空隙和裂缝的壁上就会生成美丽的烟晶晶体和长石晶体。

氧化硼的蒸气凝固以后就含在针状电气石里，使得电气石或者黑得像炭，或者发红发绿，色调极其好看。氟的挥发性化合物一凝固就生成像水那样透明的淡蓝色的黄玉晶体。

跟电气石和黄玉相伴而生的有锂云母和海蓝宝石：锂云母有时候生成巨大的六面晶体，里面含钾、钠、锂、铷和铯；海蓝宝石有绿色的和蓝色的，里面含铍。电气石、黄玉、锂云母和海蓝宝石这四种生成物互相错杂在一起，它们之所以美丽而且有价值，完全是因为伟晶花岗岩脉中含有氟、硼、铍和锂四种主要的，并且极其重要的元素。这四种贵重元素的每一种在宝石的生成史上都有各自的作用。

有些伟晶花岗岩岩脉含硼最多，于是整个岩脉里的岩石都贯穿着电气石；另一些岩脉里聚集着大量的铍，于是生成的酒黄色绿柱石晶体就不但充满在文象花岗岩壁的裂缝里面，连整个长石岩体的内部也都致密地贯穿着柱状的绿柱石晶体。

伟晶花岗岩岩脉里的各种宝石就是这样生成的。

4.4 一颗宝石的历史

有些矿物，我们只能模糊地想象它们的历史；有些有历史价值的石头，就可以根据文献、记载和传说、书本和手稿来追溯它们的全部生活；但是还有一些石头，它们会叙述自己的历史。现在我就来谈谈一颗叫作“沙赫”[1]的宝石，它的历史的开头是在神话般的印度，而结尾是在莫斯科。

这颗宝石是在很久以前——多半是500年前在印度中部被找到的。据说在那个神话时期，曾有几万个印度工人在哥尔贡达河谷里顶着热带的太阳挖掘金刚石沙并用河水冲洗。结果就在各种颜色的石英质石块里发现了一块奇异的石头，那是一个差不多3厘米长的金刚石晶体，颜色有点发黄，可是非常纯净好看。这颗金刚石送进了当时一位邦君阿麦德那革王的宫殿里，就被他收在一只贵重的宝石箱里，跟其他的珠宝相媲美。印度的手工艺人为了它特意磨得了一些细碎的金刚石粉末，再用细棍的尖端蘸取这种粉末来给这颗金刚石刻字——经过种种想不到的困难才在这颗金刚石的一面上刻出了几个波斯字：“布尔汗·尼查姆·沙赫二世，1000年。”就在那一年（照公元计算是1591年），印度北部的君主莫卧儿大帝派了几个使臣到中部各邦去，巩固他对这些地方的统治。但是两年以后，使臣从这些邦带回的贡品很少很少——只有15头象和5件珍贵的物品。于是莫卧儿大帝决定用武力征服那些不肯臣服的邦。他派出去的军队征服了阿麦德那革所领有的那个邦，并且夺来了许多象和宝物。其中也包括了这颗金刚石。后来，号称“全世界统治者”的德热汗·沙赫继承了莫卧儿帝国的王位。他非常喜欢宝石，而且是宝石的行

1. 波斯国王和印度某些伊斯兰教的邦的邦君叫沙赫。——译者注

印在苏联1971年邮票上的沙赫金刚石

家；他自己就会琢磨宝石，所以他在这颗金刚石的另一面上又刻上了几个艺术字：“德热汗·吉尔·沙赫之子德热汗·沙赫，1051。”

但是，这个君主的儿子——忌妒心很重的奥朗则布，一心要篡夺王位，想把父亲的财富据为己有。经过长期的斗争，他终于把他父亲囚禁在监狱里，而自己做了皇帝，又占有了他父亲所有的宝石，其中也包括这颗金刚石。1665年，著名的旅行家塔维尔涅到印度游历，他描述奥朗则布皇宫的豪华壮丽时说：

“我刚来到皇宫——德热哈纳巴德的皇宫，就有两个宝物保管人领我去见皇帝；我在宫里照例行过了礼，就被领到了皇宫深处的一间小屋里，皇帝就坐在这间屋里一个宝座上，他从那里可以看见我们。我在这间屋里遇见了皇帝宝库的保管人阿克尔汗，他一看见我们，就叫皇帝的四个太监去拿宝物来给我们看。这四个太监捧出了两大木盘的宝物，两个木盘都是包金的，盘面上还盖着特制的小毡子——一块毡子是红色的天鹅绒制的，另一块是用刺绣的绿色天鹅绒制的。他们掀去了这两块毡子，把所有宝物点了三遍，还叫当时在场的三个管文牍的人把点过的宝物一一记了下来。

要知道，印度人办事十分周到而且极有耐性；谁要是做事匆忙，而且厌烦，别人一看见就会沉默地看着他，把他当成脾气古怪的人来嘲笑。阿克尔汗递在我手里的第一件宝物是一颗大的金刚石；这颗金刚石像一个圆形的玫瑰花朵，有一边非常高。它下方的侧面上有一个不大的凹槽，里面有一个光滑的小平面。这颗宝石的光泽真是好看，重量是280克拉。米尔吉摩拉把他的王位让给哥尔贡达邦君的时候，就把这颗金刚石送给了德热汗·沙赫（奥朗则布的父亲），德热汗·沙赫就把它藏起来不再让别人看了；那时候，这颗金刚石还没有加过工，它的重量是787.25克拉，上面还有一些裂痕。假如这颗金刚石是在欧洲，那么欧洲人就会用另一种方法来处理它，不会像东方人这样把它面面都磨光，而只去掉它的一部分，使剩下的部分比它现在还要重些……”

这颗金刚石就是后来镶在俄国沙皇王笏上的那颗著名的钻石“奥尔洛夫”。但是现在吸引我们注意的并不是它。

后来他们又给我看一件宝物，上面有17粒金刚石，有一半琢磨成了玫瑰花朵的样子，另一半是片状的，其中最大的一粒也只重7～8拉提斯，但是当中有一粒是例外——竟达到了16拉提斯（1提拉斯≈0.9克拉）。所有这些金刚石的光泽都是一等的，它们都很纯净，样子也都好看，总之，它们在已知的金刚石里面是最漂亮的。接着，我又看到了两颗大珍珠，形状都很像梨，其中有一颗差不多重达70拉提斯，两面扁

镶在俄国沙皇的金质王笏上的“奥尔洛夫”金刚石

平，色调非常美丽，样子也惹人喜欢，随后又是一颗很像花蕾的珍珠，重 50 ～ 60 拉提斯，形状很美，颜色也很好看……

塔维尔涅看到了好多种不同的宝物；但是我们所感兴趣的是他对莫卧儿大帝宝座的描述。这个宝座是用大量的宝石装饰的。内中有半卵形的、贵重的红色尖晶石 108 颗，每一颗的重量都不少于 100 克拉；祖母绿将近 60 颗，每颗重达 60 克拉；还有金刚石无数。宝座上方的华盖上也有许多宝石在闪烁发光；而在对着院子（对着侍臣）的那个方向还悬空挂着一颗重达 90 克拉左右的金刚石，周围有许多粒红宝石和祖母绿围绕着。这颗金刚石所挂的位置正好面对着皇帝的脸，能使皇帝坐在宝座上直接看到它，它的用途大概是给皇帝辟邪的。这个辟邪的宝石正是前面我们所讲的那颗著名的金刚石“沙赫”。除了它的两面已经刻上了字外，拦腰又刻了一条深槽，这条槽在金刚石的周围绕了一圈，使人有可能用贵重的丝线或者金丝把金刚石系住。

从勇敢的旅行家塔维尔涅到莫卧儿帝国游历以后差不多过了 75 年了。在这期间，这颗金刚石先是保存在德热哈纳巴德，后来就转到德里，一直到 1739 年印度被外来的侵略者打败为止。1739 年，波斯的纳迭尔·沙赫从西向印度进军，打败了德里，夺去了德里的宝物，也夺去了这颗金刚石。于是这颗金刚石，经过两次刻字以后过了将近 100 年，又转到了波斯，被第三次刻上了艺术字：“卡扎尔之王法特赫·阿里·沙赫苏丹 1242 年。”

1829 年 1 月 30 日，俄国驻波斯大使、著名的作家、《智慧的痛苦》（又译《聪明误》）的作者格里鲍耶陀夫在波斯的首都德黑兰被人行凶刺死了[1]。

这个事件激怒了俄国的社会舆论。俄国外交界要求对波斯进行适当的谴责。波斯也不得不设法平息“高贵的沙皇”的怒气。于是波斯国王特派了一个代表团，让王子霍斯列夫·密尔查率领着到圣彼得堡去谢罪，这个王子送给了俄国一件宝物，那是波斯王宫里较珍贵的宝物之一，也就是著名的金刚石“沙赫”……

这颗金刚石到了圣彼得堡，就跟其他宝物一同放在冬宫的钻石收藏室里。这颗三面刻了字的漂亮的金刚石放在一块天鹅绒上面，由宫里的卫士看守着。

1914 年，第一次世界大战开始。这颗金刚石马上被装入宝物箱送到了莫斯科。所有宝物箱从圣彼得堡运到莫斯科以后都放在兵器库的秘密角落里，和成千上万只装着金、银、瓷器和水晶等的箱子放在一起。

---

1. 格里鲍耶陀夫被凶杀的事件是英国外交官、狂热的神父伊兰和一些波斯的大官实行政治挑衅的结果。——原书编者注

1922年4月初，天气还很冷。奔流的泉水发出轰隆的响声。我们穿了暖和的大衣，把领子翻了上来，在苏维埃的莫斯科兵器库的冰冻的屋子里走着。我们搬来了五个箱子，其中有一个很重的铁箱捆得很紧，上面还有许多巨大的火漆印。我们仔细看了以后，知道这个箱子是原封的。这个箱子的锁很不好，构造非常简单，一个有经验的钳工没有用钥匙就很容易地开了这个锁；打开箱子一看，里面都是俄国沙皇的宝物，都马马虎虎地包在薄纸里。我们用冻僵了的手把闪亮的宝石一颗一颗地拿了出来。箱子里没有清单，也看不出这些宝物装箱的时候有什么一定的顺序。

这些宝物里夹着一个小纸包，里面用一张普通的纸包着一颗宝石，这正是我们所说的那颗著名的金刚石“沙赫”。

最后谈到这颗金刚石最近的一段历史：1925年秋，在一间宽敞的、阳光充足的大厅里为外宾举办了一个“金刚石收藏展览会”，这颗金刚石也是会上的一件展览品。固然这是早已过去的事情，然而这件事情仿佛就在我们眼前，所以我们还能把当时有关这颗金刚石的一切琐碎事情都想起来。

奥朗则布的宫殿，纳迭尔·沙赫在德里的财富——这一切比起华丽的橱窗里所陈列的那些光辉灿烂的宝石来，是会黯然失色的。这是因为这里所陈列的宝石都曾亲身经历过好几个世纪的兴亡，目睹过屈辱和流血的种种惨痛的情景，目睹过印度王公的统治，目睹过哥伦比亚山的神庙里的怪异财富，目睹过沙皇的富丽、豪华和穷奢极欲……

这些宝石里有一颗在暗红色的天鹅绒上炫耀着它自己的美丽，这就是那颗珍奇的、有历史价值的金刚石“沙赫”。

这颗金刚石的历史就书写在它自己身上。

第5章 石头世界里的奇异事物

5.1 巨型晶体

漂亮的小雪花和闪亮的宝石会告诉我们，物质需要克服多么大的困难才能排除妨碍它生长的力量，而形成我们所谓的晶体这样好看而又纯净的结构。在大博物馆里，如果有的晶体比拳头或人头还大，我们就会用惊奇的眼光去看它们。我们很难相信还有更大的晶体。

我还记得巴黎近郊的那些石膏开采场。在远古时代，这里原是一些小盐湖，后来湖底陆续沉淀出了好多层由黏土层间隔开来的石膏层。现在这里已经成了石膏的开采地：人们已经把它一层层地开采出来，又把每一层断开成许多大块。当时我看到了一大块石膏板，面积大到好几百平方米，在阳光的照射下像一面大镜子那样闪着光，我真是惊奇极了！只要稍微挪动一下位置，从另外一个方向去看它，它就是黑暗无光的。可是视线一跟阳光的照射方向形成一定的角度，它就重新发出耀眼的亮

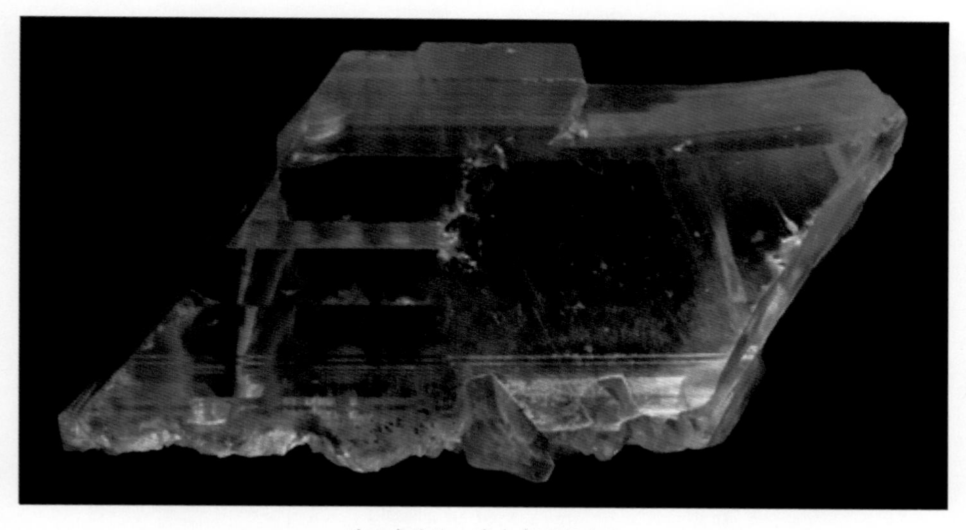

透石膏晶体，产自中国湖北省

光。这种现象的道理也不难了解：原来整块石膏就是一个极大的晶体啊。

最近我才知道，在 150 多年前，出使吉尔吉斯—凯撒茨汗国的雷奇科夫（H. Рычков）远征队也曾因为看到石膏晶体的这种闪光而大为惊奇。

尼古拉·雷奇科夫大尉是俄国一位著名的旅行家，他曾在 1771 年夏天带着部队驻在奥连堡草原，下面是他在旅行日记里写下的两段话：

远处发出的闪光使我们的视线转移到了光源那边。我们都不明白怎么会有这样的闪光，可是谁也不怀疑那里有发光的石头，谁都认定应该到那里去找宝物。我们对这个远处发光的地方都抱有幻想。

我们催马赶快往前跑。离这个地方越近，闪光就越强。但是我们到了目的地都惊奇得不得了：我们看到的不是宝石，而是一些不同大小的石膏块……

希望落了空！这原来只是荒地上的一种奇怪的幻景：透明的晶体在正午把竖直射下的太阳光线反射过来，就使人们产生一种错觉，仿佛有无数宝物散布在那里似的……

长石也能生成极大的晶体。从地下的熔化物里生成的匀净的长石晶体，有时可以大到这样的程度：一个晶体足以供整个采石场开采很长时间。有些花岗岩脉，也就是我们所说的伟晶花岗岩脉，是由充满着水蒸气和各种气体的、温度极高的地下熔化物生成的，这种岩脉的显著特征是里面往往含有巨大的晶体。最大的晶体就产在这种岩脉里面。

1911 年，乌拉尔有一个惊人的发现。这里的伟晶花岗岩岩脉里发现了一个空洞，大到一辆马车都很容易进去。这样的空洞叫伟晶岩晶洞。据乌拉尔人说，洞里曾经充满过漂亮的烟晶，烟晶长达 75 厘米，洞里还有石英和长石，石英近乎黑色，长石呈美丽的黄色，在石英和长石当中还夹着奇怪的蓝色的黄玉晶体。最大的黄玉晶体重 30 千克以上，可惜开采时没加小心，被镐头打成碎块了。当然这样的黄玉我们不应该认为是漂亮、透明的宝石。它是很浅的蓝绿色，并不纯净，虽然也是天然生成的晶体，可是不太透明，在外观上一点也没有叫人喜欢的地方。

绿柱石也可能生成极大的晶体；它匀称的六方柱体有时候非常好看，而且坚固，所以它在西班牙往往被当作门柱使用。美国产的绿柱石晶体有重达 5 吨的。可惜，所有这样大的绿柱石晶体都不透明，都没有用作宝石的价值，而只能从它们里面提取一种轻金属——铍。不过纯净的绿柱石（也就是海蓝宝石），有时候也能生成巨型的晶体。例如，1910 年在巴西的南部发现了一个海蓝宝石晶体，它是娇嫩的蓝色，而且达到了理想的透明度，长达半米，重达 100 千克。据说这个晶体被锯成了许多有规则的小块，在一连三年当中，海蓝宝石市场上都充斥了这个晶体的小块：全世界所有的海蓝宝石装饰品，几乎没有一个不是用这个晶体的小块制成的。

甚至祖母绿，有时候也可能是相当大的。这只要回忆一下苏联的一

各种颜色的绿柱石

蔷薇辉石

块著名的祖母绿就够了：这块宝石是绿的，色调非常优美，重达 2226 克。它的遭遇很奇特。它在 1834 年在斯列夫的祖母绿矿坑里被发现以后，就被当时的厂长卡柯文藏了起来，后来圣彼得堡突然派人来搜查他的东西，发现了这块宝石，就把宝石运到了圣彼得堡，而倒霉的卡柯文就被关进了监狱，后来他就在监狱里自杀了。但是即使到了首都圣彼得堡，这块宝石也并没有走好运，成为国家的财宝，而是——说得客气些——被“放”在彼罗夫斯基伯爵的书房里，后来又成为秋科秋贝公爵的私人收藏品。1905 年，秋科秋贝的世袭领地上发生了战乱，这以后，这块宝石在一个公园里被发现，接着又被运到了维也纳。俄国政府将这块宝石买了回来。所以这块祖母绿受到折磨的时间非常长，它的经历非常复杂，现在，它已经在莫斯科的科学院矿物博物馆里炫耀它的美丽了。

在这个博物馆里，跟这块祖母绿并排放着的是一大块引人注目的变石，这是全世界最大的变石，重 5 千克，里面包含 22 个晶体，这些晶体昼间显墨绿色，晚上显鲜红色。

除了有历史性的那些巨型晶体以外，还有一些很大的石块，它们都是各种彩色石头或装饰用石头的单一岩。

例如，有些非常庞大的墨绿色软玉，重达 8 ～ 10 吨，到现在还在西伯利亚东部的奥诺特河里被流水冲洗着，等待人去把它们就地锯成小块，来满足工业上的需要。

有一块粉红色的蔷薇辉石更大，重达 47 吨，是在乌拉尔中部被发现的。人们经过极大的困难才把它磨光，做成一个奇异的石棺（“仅仅”重 7 吨），现在这个石棺收藏在圣彼得堡的彼得罗巴甫洛夫斯克大教堂博物馆里。

在塔吉尔河下游附近麦德诺鲁甸斯克发现过一些大块的孔雀石，重达 250 吨（是在 1836 年发现的）。人们不得不把这些孔雀石在地下深处打成两吨一块的小块，再把这些“小”块从地里取出来。冬宫里著名的孔雀石大厅，就是用这些孔雀石块装饰的。

云母也常常生成极大的晶体。例如，在西伯利亚的索格吉昂顿矿坑里发现过一个云母晶体，重 90 千克。而从五月矿山管理局所属的矿坑里开采出来的白云母——云母的变种——通常都是 1 ～ 20 千克重的晶体。

碧石的匀净的单一岩特别巨大，重量常常超过 12 吨。

列宁格勒国立埃尔米塔日博物馆收藏着一个有名的、巨大的绿色孔雀石花瓶，雕成它的那块石头重 40 吨。那块石头经过相当大的困难才被放到了圆滚子木上用 160 匹马从阿尔泰的列甫涅夫采石场运了出来，然后经过许多条山路、西伯利亚大公路以及卡马河、伏尔加河和涅瓦河各水路运到了圣彼得堡。

芬兰的地下有一种有名的红色花岗岩，叫更长环斑花岗岩，是全世界最大的单一岩。圣彼得堡有许多漂亮的建筑物都是用这种岩石装饰的。美丽的涅瓦河堤岸和旧日的一些大教堂也用了这种岩石作砌面材料。

冬宫前院里的亚历山德罗夫斯克柱子本来也是一块单一岩。它原先的重量是 3700 吨，长度是 30 米。即使现在它的长度是 25.6 米，也还是一块最大的石头：连柱脚和上面的天使一共高出地面 48.77 米。圣以撒大

埃尔米塔日博物馆的孔雀石花瓶，高181厘米，直径143厘米。仿造希腊掺酒器的外形制作，这种花瓶被称作美地奇花瓶。

俄罗斯冬宫中的孔雀石大厅，俄罗斯画家康斯坦丁·乌赫托姆斯基（约 1818 ~ 1881）绘

教堂博物馆（在列宁格勒）的柱子高 16.5 米，喀山大教堂的柱子约高 13 米，这是大家都知道的。

我们如果再想一想苏联产的那些最大的自然铂的重量（8395 克）和自然金的重量，那么我们根据数字就能想到苏联的矿产是多么丰富，各种天然的晶体、金属和单一岩是多么巨大了。

云母、黄玉和石英伴生，产自巴基斯坦

5.2 石头和植物

请看看这张照片：这是什么？是石化了的植物，还是生在石板上的青苔呢？

松林石，产自中国内蒙古自治区阿尔山

照片上像树那样的生成物，跟植物也丝毫没有相同的地方。

所有这一类的生成物，由于它们在外观上很像松树枝，所以都叫作“松林石”，在劈开各种成层岩的时候是常常可以看到的。把这种岩石一层层地劈开，常常会在两层当中意外地发现一个精美的画面，上面画着黄色、红色或黑色的娇嫩的细枝。这些细枝常常同时显出不同深浅的色调，仿佛是从同一个根或同一个叶脉里生出的。

矿物的这种十分特殊的生长现象，可以发生在两层岩石当中极小的缝隙里，也可以发生在还没有完全石化的凝胶状物质里——只要这种物质里意外地落入了含铁的溶液就成。有些科学家曾经在动物胶和胶状物质里滴入了其他的溶液。由于他们的技术高明，结果就在实验室里培育成功了这样的“植物”。我们如果把牛奶滴在半凝结的胶质点心上，也能够看到类似的现象。

印度有一种著名的“苔纹玛瑙”，上面也有这样的小枝，是由绿色、褐色和红色的物质组成的，这些小枝形成了复杂而又奇妙的森林，形成了丛生的草、灌木和乔木，就像海底丛生的各种奇形怪状的植物那样。现在我们知道，这些生成物的成因是，组成玛瑙的物质在当初印度地下的液态熔岩凝固的时候本来是凝胶状物质，这些松林石就是在凝胶状物质上生成的。

苔纹玛瑙，产自印度

从前的人常常认为这样的生成物是远古时期存在过的植物！甚至大科学家也做出过种种错误的结论；直到最近，由于科学家做了精确的实验，把这些生成物在实验室里复制了出来，这些生成物的成因才得到了正确的解释。

当然这并不是说，真正石化的植物——树木、叶、根和果实——是没有的。

在许多情况下，我们遇到的石头确实是从前存在过的植物体。这些植物体所含的物质逐渐被矿物质溶液代替。这个变化过程进行得非常慢，有时候还进行得非常有次序、有规则，使我们甚至可以用显微镜看出原先的活植物体所含有的那些微小细胞的构造特征。

我们知道，有些成片的树林已经完全石化——变成了玛瑙、玉髓或燧石。在苏联外高加索的阿哈尔齐赫附近，在雪白的火山灰里有非常多的石化的大树桩和大树干。在修巴统公路的时候，这些石化的植物体都被乱堆在山坡上，它们有根有枝，重达好几吨，形状非常奇特。这些由木头变成大石块的现象，我们在今天还可以看到。

美国石化林国家公园里一截巨大的树木化石沿着自然形成的缝隙断裂

在基洛夫市郊的田地里常常可以看到木化石。农民在耕地的时候把木化石聚成堆，把它们叫作魔鬼的橡树，却没有想到这些重达 100 千克的奇妙的大石块可以用来制造种种精美而有价值的小器皿：裁纸刀、烟碟、小盒和小花瓶等。

石头和植物在它们的生活里有非常密切的错综复杂的关系，所以在石头的世界里——在那生物界和非生物界之间的界限不显著的地方，在物体都有各自的独特生活的地方——就有许多谜到现在还没有得到解答。

5.3 石头的颜色

你要是到大的矿物博物馆去，或者到列宁格勒的埃尔米塔日博物馆或莫斯科的兵器库博物馆去，仔细看陈列在橱窗里的宝石，那么宝石颜色的鲜艳和多种多样就会使你不由得感到惊奇。在整个自然界里，血红色的红宝石、天蓝色的青金石和石青、鲜黄色的黄玉、绿色的祖母绿或符山石，在色调上比一切其他矿物都纯净，而又善于闪光。

但是，更使你惊奇的是，同一种石头竟会有不同的颜色。举例说吧，绿柱石有各式各样的变种：从浅墨绿色到深蓝绿色的海蓝宝石，金黄色的绿柱石，樱桃红色的、闪亮的红绿柱石，黑绿色的祖母绿，像水那样洁净而又无色的石头，这一切其实都是绿柱石。

尤其奇怪的是电气石。它的晶体很长，晶体这一端的颜色可能跟另一端的不一样。如果把它纵向切开，就能看到它的切面上成层地分布着多样的颜色：粉红色，绿色，蓝色，褐色，黑色。可是石头颜色的改变还有其他原因；有些矿物从不同的方向看就显出不同的颜色。许多宝石都是这种性质。只要把矿物学家所说的这种多色性矿物拿在手里转着看，就会看到它的颜色在不停地改变：从一些方向看是蓝色、绿色和浅灰褐色，换一些方向看是深蓝色或粉红色等。有时候还有更复杂的情况：有些黄玉从这边看显蓝色，从那边看却显酒黄色。其实整个黄玉并没有改变颜色，只是由于它的颜色分布得很特别，所以看起来，它仿佛在改变颜色。石头里的颜色有时候可能分布得不规则，这可以从下述的例子里得到证明：乌拉尔产的紫水晶是一种美丽的紫色石头，可是把它放在一杯水里，它的颜色就立刻集中在一个地方，整个紫水晶却像是无色的了。

最后，有些矿物还有这样的特性：夜晚在灯光下会改变颜色。有一种宝石叫作变石，非常少见，通常产在超基性岩里，它的这种特性十分显著。它在白天显墨绿色，但在电灯和煤油灯光下，或者单单燃着一根火柴把它照亮一下，它就显暗红色，在太阳的照射下又显娇柔的紫色，还带着浅浅的蓝绿色。

这样的矿物我们知道得并不多。因此，关于变石就有不少传说。列斯科夫说过："变石在早上是绿色的，但晚间却变成了红色。"

石头的颜色这么漂亮，所以古代人早就对鲜艳的宝石估价很高，把它叫作大地之花，认为它有一种特殊的力量，能够对人产生影响。那时候人常常在石头上刻字刻画。有些人把宝石镶在戒指上，有些人又用石头来装饰住所。他们认为，颜色鲜艳的石头具有辟邪的性质，他们把石头跟星星结合起来看，甚至认为石头的颜色能够决定人的命运。

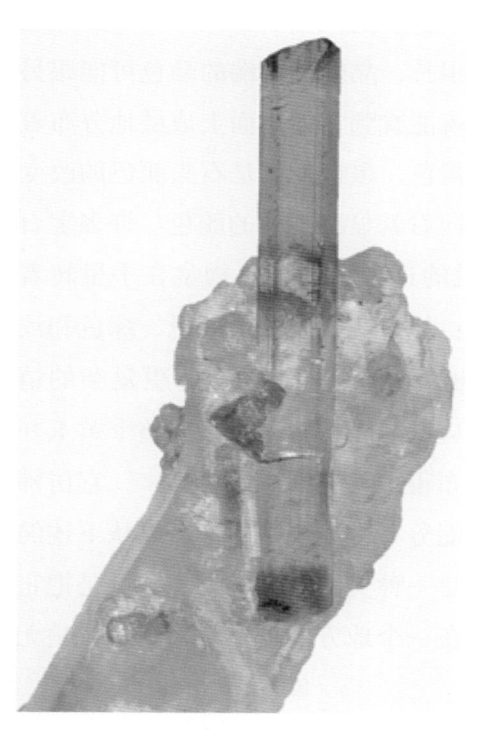

电气石，产自巴西

不过我们却是从不同角度对石头感兴趣的。我们珍视它，是由于它有光泽，会改变色彩，因而显得美丽；我们珍视它，是由于它是优良的原料，可以用来制造各种用品和小巧玲珑的装饰品，还可以用作建筑物的砌面材料。不过同时，我们也想回答这样一个问题：石头为什么会有颜色，而且它的颜色会是这么变化多端。

这是现代矿物学上最难解答的问题之一。矿物之所以有颜色，往往是因为它含有一点杂质，而且这杂质的含量往往是这样微小，即使我们用非常精密的分析方法也不能把它们的含量测定出来。例如，直到现在我们还没有确切知道，为什么紫水晶显紫色，为什么金黄玉显美丽的烟色。固然，近年来我们已经揭开了个别矿物的颜色的秘密。譬如，我们已经知道，红宝石显红色，祖母绿显绿色，都是因为它们含有杂质金属铬，土耳其玉的颜色是由于铜，红玛瑙的颜色是由于铁。但是还有非常多的关于颜色的谜始终没有得到解答。石头的颜色有时候也很可能跟杂质根本没有关系，而是由构成石头本身的那些非常深奥的规律来支配的，也就是由石头内部各个原子和分子的分布规律来支配的。在这种情况下，石头的颜色就决定于它的内部构造；例如，青金石的蓝色或乌拉尔产的宝石“贵橄榄石”——翠榴石——的黄绿色就是这样。

翠榴石，产自巴基斯坦

但是，不应该认为石头的颜色永远是固定不变的。实际上，石头的颜色有时候不但会自己改变（像开谢的花那样褪色），还可以用人工方法来改变。早在古印度的传说里就有过这样的说法：石头只有在它出土以后的前一段时期是鲜艳而又美丽的，到了后来，它就会逐渐褪色，在阳光的照射下褪得尤其厉害。在挖掘宝石的乌拉尔农民当中有一种迷信的想法，说是把宝石从坚硬的岩石里开采出来以后，为了使它原有的色彩保持不变，必须把它放在潮湿的地方收藏一整年，最好是收藏在地窖里。这种想法在从前常常被人嘲笑，可是在今天看来，也有一部分道理：宝石常常会见光褪色，祖母绿和黄玉的颜色会变浅，酒黄色的硅铍石有时候只要过了一个月就会变得像水那样无色而且洁净。

可是有一种矿物更值得惊奇，到现在为止，只知道它产在印度、加拿大和苏联科拉半岛上著名的洛沃泽罗苔原。当你在现场用锤子把它一打碎的时候，你会看到它是一种美丽的深樱桃红色，然而这仅仅是它最初一刹那的颜色：过不了一二十秒，你就会看到它的美丽已经消失得干干净净，它已变成一种单调乏味的灰色石头了。

这种矿物里起着什么变化，我们不知道，可是奇怪得很，如果把这种矿物放在黑暗的地方，那么几个月以后，它就会恢复原来美丽的颜色几秒。它的名字是加克曼石[1]，是为了纪念科拉苔原最初的勘查者之一加克曼（Гэкман）而命名的。

以上这些事实，当然不会不引起人们的注意，所以早在古代，人们就开始给石头染色，或者用特殊的方法来改变石头的颜色了。

石头有人工染色的可能性，大概是首先用玛瑙或不太透明的红色光玉髓实验出来的。光玉髓常显不洁净的褐色，可是在火里灼热以后就显美丽的红色。早在2000年前，希腊人和罗马人就利用了光玉髓的这种性质。那时候他们已经会把石头放在各种溶液里煮几个星期，来使石头染上各种颜色。下面是他们煮沸玛瑙的一种常用的方法：把玛瑙放在锅里跟蜜一起煮上几个星期，再把玛瑙拿出来用清水洗干净，然后放到硫

1. 加克曼石就是紫方钠石。——译者注

酸里再煮几个钟头，结果就得到一种美丽而有条带的黑色宝石——缟玛瑙。近年来，绿色、红色、蓝色和黄色的带状玛瑙也开始用这种方法来制取。现在这一类方法已经用得很普遍，不染色的天然石头制品几乎没有了，因为石头的颜色总是用各种方法加深过的。

使烟晶改变颜色的方法，跟上面讲的有些不一样。在乌拉尔，当地的农民从古代起就懂得把烟晶放在面包里烤能使它具有金黄色。烤的方法是把天然的烟晶体放在面团里，再把面团放到普通的俄罗斯式壁炉里去加热。不过加热时，要让烟晶各处受热均匀，使它的颜色逐渐改变。紫水晶用同样的方法烤过以后可以变成暗金黄色的宝石。

现在科学家已经会用比较完善的方法来改变石头的颜色：他们用镭的射线或石英灯特殊的紫外线照射石头之后，就知道这些射线能够使石头的颜色改变得很厉害，有时候还能使石头的色彩变得很美丽。例如，可以用这种方法使蓝宝石由蓝色变成黄色，使黄玉由粉红色变成橙色和金黄色，使紫锂辉石由娇柔的紫色变成鲜艳的绿色。近年来，这方面的工作做得很多，因此我们可以期望，在不久的将来，我们不但能够学会改善宝石的颜色，而且能够使宝石得到从来没有过的色彩。

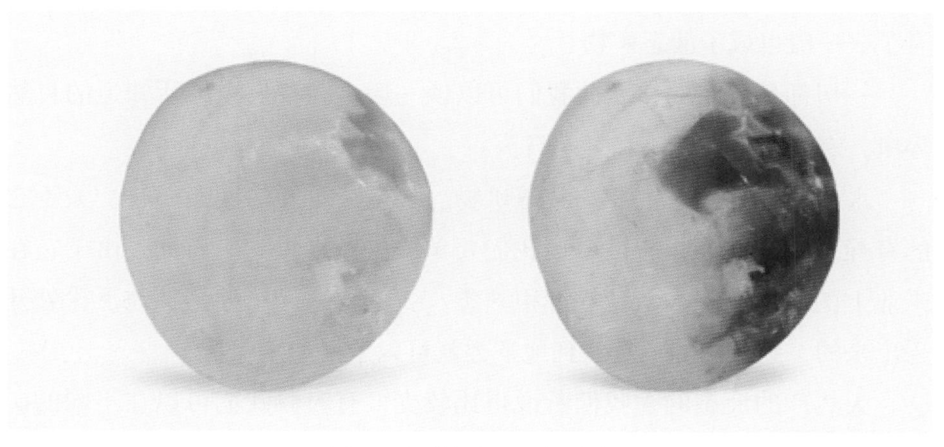

加克曼石，即紫方钠石，产自阿富汗

5.4 液态石头和气态石头

这个题目里所说的“液态石头”这个词，仿佛有点不合理，因为石头在我们想象中向来都是固态的。可是事实上，有液态的石头，也有气态的石头。问题当然仅仅在于措辞或用语的本身：我们所谓的石头或矿物，是指不经人的作用而在地球上自然生成的一切没有生命的物体和化合物。无论是坚硬的花岗岩、铁矿石、湖里的盐、土壤里的沙粒，或是无机界的一切其他部分——不管这些部分是液态的、固态的或气态的，在我们看来都是石头或岩石。物理学告诉我们，实际上，把自然界里的物体分成固态、液态和气态是有条件的，是根据今天周围的温度来分的：假如地球表面的温度不像现在这样，那么自然界恐怕也根本不会演变成现在这个样子。假如我们使地球表面的平均温度降低 20℃左右，那么水就会变成普通坚硬的岩石——冰，而液态的物体恐怕就只有石油和浓的盐溶液了。假如温度再低，气压也相应地降低，那么连二氧化碳也会变成液体，在地表面流动起来。假如地球表面的温度比现在高 100℃，那么我们就会生活在浓密的水蒸气里。那时候，连固态的硫也没有了——硫也成了液态矿物。

一切都是相对的，因此我们可以谈一谈，在我们今天所知道的自然界里，有哪些液态石头和气态石头。

水、石油和汞是主要的液态矿物。水是最重要的液态矿物，关于它的奇异事物非常多，所以后面我们要单辟一节来讲它。石油，由于它在工业上的用途非常大，我们都很熟悉；我们知道，石油是从地下深处开采出来的，把钻探的工具钻到地下去就可以采出油来。

天然产的液态的汞我们听说得比较少，有时候我们可以在不同的矿床上遇到点滴的汞。在苏联的博物馆里可以看到白色的石灰岩样品或黑色的炭质岩石样品，里面就有这种液态金属的光亮点滴。

除了汞，还有一种更奇怪的金属——镓。看样子，它的确是固态的金属，可是用手握住它，它就开始熔化：手上的热就足够使它变成光亮的液体。但是在自然界里，这样纯净的、天然产的镓是没有的。

气态的矿物恐怕你们听说得更少。可是在包围着我们的大气里，氧气和氮气恰恰就是这样的气态矿物。此外，无论是水里或是坚硬的岩石里都混有大量的气体。

每种结晶岩的碎块，每块铺路的石头，都含有大量的气体，这些气体就体积来说都有石块本身的 7 倍大。在坚硬的花岗岩里，每 1 立方千米所含的水多达 2600 万立方米，氢气多达 500 万立方米，二氧化碳、氮气、甲烷、其他的气体和挥发性物质多达 1000 万立方米。渗透在地壳里

99.999% 镓的晶体

的气体也多得很。地下深处的岩浆也好，任何坚硬的岩石也罢，都长期地含着这些气体。但是到了一定的温度——所谓的爆发温度，这些气体就会急速地向外冲出，把岩石块炸成极小的碎片。研究家认为火山的活动就是由于这样的爆发而发生的，因为火山所含的、喷发到地球大气里去的各种气体的分量也就有这么大。许多火山早在远古时代、地球上出现人类以前就已经熄灭了，可是在原先的火山口里以及在这些火山地区生成的湖泊里，到现在还冒着二氧化碳的气泡，这是从前猛烈的火山活动的最后一点尾声。

火山所含的气体有时候是二氧化碳，它饱和在水里就生成味道很好而又有益健康的矿泉，也就是碳酸矿泉；火山里的气体有时候主要是可

俄罗斯勘察加半岛的克留切夫斯克活火山正在喷发，喷发物可能是蒸汽、火山气体和火山灰的集合体。这种照片是2013年国际空间站位于该火山西南方1500多千米的高空中拍摄的

燃性气体，那就是优良的燃料[1]。

在美国已经把这种可燃性的气体流捕集起来加以利用，现在那里已经有 2 万多处这样的出气口。苏联的伏尔加河下游地区也有许多这种巨大的出气口，喷出来的气体已经成了苏联工业上使用的优良燃料。

一些稀有气体——氖、氩、氪——也叫惰性气体，经常会以微弱气流和单个原子的形式，大量地散失到大气里去。地球内部的放射性物质慢慢地蜕变着，随时都有很轻的氦气放出来，有的就在矿物的内部积聚千百万年，有的却自由无阻地跑到大气和宇宙太空里去，至于镭射气和钍射气这些重的气体，却是地球上的临时客人。因为它们很快会过完一生，重新凝成固态物质的不太活动的重原子。

在人到不了的地下深处，有岩浆在沸腾着。岩浆里不但蕴藏着从一有宇宙起就开始积累的各种能量，而且还夹杂着从那时候起生成的大量的水和挥发性元素。在漫长的地质年代里，地球内部的核就在一点一点地失去这些能量和气体，因为这些能量和气体一直渗入坚硬的地壳里，打开通路来到地面上，再跑到大气里。

但是，这些气体一从地球里跑出去，地球也就失去了这些物质。轻的原子运动得快，它们跑出地球表面以后还能克服地球的引力作用，离开大气圈，离开地球的引力范围，而飞逝到我们几乎不知道的星际空间里去。

以上就是地球上若干种流动性矿物的历史。

1. 伏尔加河下游地区产生的这种气体已经用管子输送到莫斯科，供莫斯科的工厂和居民使用。——原书编者注

5.5 硬石头和软石头

凡是石头都是一样硬的吗？是不是所有的石头都得用锤子才能打碎，或是其中有些也能用剪刀剪断呢？我们在日常生活里，觉得所有石头好像都差不多一样硬，而实际上却不是这样。这一点，只要拿一块石灰石和一块石英来比比，就很容易看出来。因为石英比石灰石要硬得多，你可以在石灰石上划出痕迹，甚至可以把石灰石剪断。

实际上，石头的硬度确实是不一样的。最软的是滑石，你很容易用指甲把它抓伤；又可以用它来制造十分细软的爽身粉。金刚石却完全相反。金刚石比其他一切矿物都硬。古代有一种传说一直流传到现在，说是古罗马的皇帝十分相信金刚石的硬度，曾经对奴隶许过这样的愿：奴隶当中，谁要是能够把金刚石晶体放在铁砧上用锤子敲碎，就赏给谁自由。但是，我们自己如果来做一次这样的实验，就知道根本不必使用大锤子，只要使用一个很小的锤子，就能把金刚石一下子打成许多碎块。

尽管这样，金刚石还是最坚硬的石头：怪不得人们要用它来切玻璃，要用它在金属和其他石块上刻细小的字迹，在开隧道的时候要把它镶在钻头上来钻穿一座座大山！

石头的硬度和韧度并不是一回事：金刚石很脆，可是很硬，至于其他的石头，固然可能很软，然而韧度却非常大，因而极不容易破裂。这只要用普通的软木塞来打比方就够了：我们能用剪刀把软木塞剪断，却很难用锤子把它敲碎。

可是有一种石头坚固得出奇，这就是玉。玉在东方常常被认为是次等宝石，而在中国却把玉看作能够辟邪的东西。

早在远古时代，人们就发现了软玉的性质。他们常常在河岸上挑选最坚固的小圆石，就在这时候注意到了软玉。为了寻找软玉，人们一定

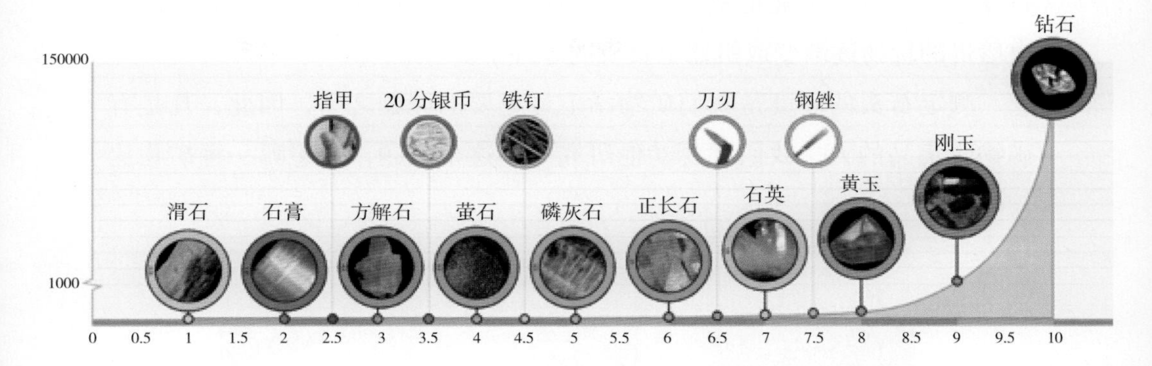

莫氏硬度表。莫氏硬度是一种利用矿物的相对刻划硬度来划分矿物硬度的标准，由德国矿物学家腓特烈·莫斯于 1812 年提出。莫氏硬度标准将十种常见矿物的硬度由小到大分为十级，即①滑石，②石膏，③方解石，④萤石，⑤磷灰石，⑥正长石，⑦石英，⑧黄玉，⑨刚玉，⑩金刚石。具体鉴定方法是，在未知硬度的矿物上选定一个平滑面，用莫氏硬度表中的一种矿物在其上刻划。如果未知矿物表面出现划痕，则说明未知矿物的硬度小于表中已知矿物；若已知矿物表面出现划痕，则说明未知矿物的硬度大于已知矿物。如此依次试验，即可得出未知矿物的相对硬度

到过很多远地方；人们用软玉换过金子和宝石，用软玉造过斧、刀、箭和其他的石制品。墨绿色的软玉相当漂亮，它是由阳起石这种矿物的细丝和纤维密密交织而成。正是由于软玉里有这样交织着的物质，所以它不但硬度很大，连韧度和坚硬强度也大得出奇。这一点的证明很多：譬如你即使用最好的钢锤也很难从软玉的石崖和碎片上打下一小块来。用软玉制成的小戒指，落在地上，甚至落在石头上也不会碎；压碎软玉块比压碎最好的钢块还要多费 15% 的力气。

坚硬的石头已经越来越广泛地用在工业部门的技术方面，这是一点也不奇怪的。玛瑙已经用来制造天平的支刃，因为天平的梁在玛瑙制的支刃上来回摆动决不会把玛瑙磨损。在许多仪器和罗盘里，迅速转动的轴的尖端都要支在磨光了的小孔里，而这种小孔就是在坚硬的玉髓或红宝石上挖成的。皮和纸都要用硬石头（碧石、花岗石）造成的轧辊来碾光。此外还有用石头造成的特殊的快刀，珠磨机里砌面的石板和研磨的

石球……我真不可能把坚硬石头的用途一一列举，这些坚硬的石头已经由珍贵的玩物逐渐变成机器里贵重的零件了。

测定石头的硬度是我们矿物学上最重要的课题之一，因此，凡是有矿物收集品的人，我们都要劝他研究一下这个问题，想想哪一种矿物比较硬。

卢塞恩（瑞士）的冰川花园。重达 6 吨的巨砾被水流冲得转动起来，把致密的砂岩磨出了许多“大锅”。“大锅”的直径大达 8 米，深达 10 米

5.6 纤维状石头

请看下面这幅图。很难相信图里的是一种特殊的石头。这种石头形成的细纤维非常好，也像一切其他纤维那样可以纺线。这种石质的纤维还有一种非常奇特的性质：放在火里也不燃烧（但是在水里很快就会沉底）。这种石头叫石棉。

不要以为只有你们对于这种石头的性质觉得奇怪。早在古代，人们就在山地里发现了它，因此，关于这种石头的各种奇怪的传说和神话很多，是一点也不奇怪的。

石棉（部分硅化），产自南非

老普林尼是古罗马伟大的博物学家之一，他说过："有一种石头可以织布，它产在产蛇的印度沙漠里，那些地方从来不下雨，所以它习惯于在炎热里生活。用它可以制造寿衣给死去的领袖穿上，举行火葬；用它可以制造宴会上用的餐巾，这样餐巾可以放在火上加热。”

过了1000多年，著名的旅行家马可·波罗也记述了这种物质——石棉：“这种物质存在于蝾螈体内，把它扔在火里也不燃烧。可是我无论在哪座山里也没有找到这种以蛇的形状生活在火里的蝾螈。来自山里的这种石化的物质含有许多像羊毛一样的纤维。把这种物质先放在阳光下晒干，再放在铜器里捣碎，然后放在水里，把里面的土粒完全洗掉。这时候就可以把它纺成线，再织成布了。为了使它发白，可以把它放在火里烧，过一小时从火里拿出来，它就变得雪白。可是质地不变。以后它再脏了，可以用同样的方法把它烧干净，而不必用水洗。”上面两段话固然都是不尽可靠的，可是在古代世界，显然有些地方的人的确已经会用这种矿物的纤维来制造石棉制品和织品，尤其是给油灯制造不会烧掉的灯芯。

到18世纪初，石棉已经开始得到比较广泛的应用；在这时候，在比利牛斯半岛和匈牙利甚至开始用它来制造纸张和灯芯。

1785年，福克塞就所谓的石板纸的性质开始进行实验，这在当时曾经引起很大的轰动。许多人对这次实验寄予了很大的希望。斯德哥尔摩的科学院资助了福克塞，瑞典政府授权福克塞在国王的作坊里做实验。实验在斯德哥尔摩一个特别盛大的场面中进行过一次，后来又在柏林重做了一次。实验是这样做的：准备一间小屋子，墙壁上遮上所谓的石板纸，屋里堆满刨花，点起火来，结果，不能着火的石板纸保护了木板壁，防止火势的迅速蔓延。这样，就确凿证明了石棉在建筑上作为耐火材料的用途。

就在这个时候，在意大利的皮埃蒙特兴起了一个新奇的生产部门。爱丽娜·培朋蒂在一连几年里研究着石棉织品的制法。最后她研究成功了，于是就用这种矿物编织极细的花边。1806年，意大利工业奖励协会因为培朋蒂发明石棉的织法，曾奖给了她荣誉奖章。她又制得了一种石棉纸，上面可以写字，意大利政府顾问莫斯加蒂曾经用这样的纸印了贺年片寄给意大利的一个总督。培朋蒂的功绩是：她制造的石棉制品很坚固，是用纯净的石棉制造的，里面没有夹杂亚麻纤维，因而不必再用火去把亚麻纤维烧掉。培朋蒂用石棉制成了带子、口袋、纸张和细绳，甚至制成了袖头。

从那时候起，过了 100 多年，石棉的开采和加工成了世界上一个最大的工业部门。每年开采的这种石质纤维超过 30 万吨。可是这个数目还不够。石棉的用途一年比一年大，在许多情况下，都非用它不可。它非常结实，不能燃烧，不善传热，又能跟多种多样的物质混在一起，因而可以把它制成棉花、细纱、纸张和厚纸板的形状来使用。人们用石棉来

澳大利亚的一家石棉产品公司在出口石棉瓦，拍摄于 1937 年

制造剧院里的大帷幕、不能燃烧的安全隔板和屋顶、防火衣、汽车的制动带和精炼纯酒的过滤器。石棉已经成了工农业方面千百个部门最喜爱的材料。

上面我讲的是人们学会开采和加工石棉的经过；但是在俄国，石棉的加工事业——石棉在俄国叫作“石亚麻”——却有一段特殊的发展过程，而俄国人用石棉也比外国人更早。

1720年，在从前叶卡捷琳堡也就是现在的斯维尔德洛夫斯克附近，初次发现在“稀奇古怪的其他天然产的和各种古代遗留下来的东西当中有石质的麻丝”——那是在培什马河岸的暗绿色岩石里。后来在涅维扬斯克的池塘附近也发现了这种很容易用手扯成细纤维的稀奇的矿物。这一次发现立刻引起了当地企业家的注意，从那时候起，涅维扬斯克就根本不依靠意大利石棉业的成就而自己开始用“柔软的石棉纺线，再用纺得的石棉线来织布，做帽子、手套和口袋等，还用来造纸”。19世纪初，谢维尔金院士对于这一有趣的制造业，曾经有过这样一段叙述：

为了这，他们要锤打成熟的石棉，再用洗涤法来分离锤落的粉末，这样做过以后，剩下来的就是一团柔软的细丝，这也就是所谓石亚麻。石棉可以跟细的亚麻混在一起纺线，而在纺过以后，或者在编织的时候也一样，要用多量的油。这样的制品一煅烧就可以把油和亚麻烧掉而变得相当柔软，因而可以洗涤，可以熨平。用脏了，一煅烧就又干净了。这种制造业后来固然停止了，可是乌拉尔直到现在还有许多西伯利亚人会制造这样的东西。

从那时候起，过了150多年，石棉制造业已不再是18世纪生产的旧规模了；在现在乌拉尔的多森林的苔原上，石棉制造业成了苏联较发达的工业部门之一。现在那里有成千的工人，兴建了许多小城市，城市里

美国佛蒙特州的佛蒙特大理石展上展出的蛇纹岩

有俱乐部、工人住宅区、大工厂和深矿坑，还有堆积如山的废石堆——从岩石里取出石质麻丝这种贵重纤维以后剩下的废石头。到处都有机车在喷着烟，净化工厂的电装置在呜呜地响，整列的火车在把一袋袋选出来净化了的纤维运到巴热诺沃车站去。

乌拉尔山蕴藏的石质麻丝非常多，还足够全世界工业使用好几百年，这种石头并不是生在火蛇的背上，而是生在乌拉尔山的一种绿色岩石里，这种岩石的名称叫作蛇纹岩。

5.7 层状石头

有一类矿物叫云母，可以用小刀小心地把它们一层一层地劈成许多薄片。可是无论劈得多薄，得到的薄片总是还可以劈成更薄的片。不但我们所说的云母具有这种奇异的性质，滑石、石膏和其他许多石头也都有这种性质。因此，这种性质早在古代就在人们的日常生活里和工业上得到了应用。云母在最初的用途是代替窗玻璃。

在 300 年以前，玻璃还很少，人们还不会制造大玻璃片，那时候苏联北部白海沿岸就开采云母来安在窗框上。例如，安在克姆斯克大教堂

云母的层状结构

窗上的就不是玻璃，而是云母，这样的情况延续了相当长的一个时期。从前石膏片的用途，跟今天在北极地区的冰的用途一样：在冬天，北极地区的人如果手头没有玻璃，又没有很好的、透明的石膏片，就把这透明的冰片安在窗框上面。

苏联产的最好的云母在旧俄时代曾经向西方大量输出；有趣的是，那时候西方把俄国叫作莫斯科公国，于是就把俄国输出的云母叫作莫斯科石。

可是从那时候起，玻璃制造业的情况改变了，没有必要用云母来代替玻璃了。同时人们却在电工业上给云母找到了许多新用途，因为电火花很不容易穿过云母。云母这种东西，在苏联的卡累利阿、科拉半岛、西伯利亚的坚硬花岗岩里蕴藏得很多。云母这种电气化需要的材料并不缺！你只要学会从花岗岩上小心地把它分出来，用小刀“劈开”，再把云母片好好修整一下，就可以装箱运往各电工工厂去了。

云母窗户

近年来，人已经学会用各种金属——镍、金、铂、银——制造薄片了，这样的薄片一百万张叠起来只有一厘米厚；怪不得这种薄片是透明的；例如，金箔显出美丽的浅黄色或绿色。最近人

16世纪的板岩开采矿场

又学会使用热胶来粘结极薄的云母鳞片，再用热的压机压一下，结果就制成了大片的云母，这就是所谓的“米坎尼特”（人造云母）。人造云母在外观上跟天然云母没有区别，只是不耐高热。人造云母在电工业上可以用作很好的绝缘材料。

5.8 可吃的石头

有可以吃的石头吗？当然有，那就是食盐——也就是岩盐，此外还有硝石、苦土、芒硝和其他。

有非常多种的盐，我们或者把它们跟食物一起吃下去，或者把它们制成各种药剂来服用。但是，可吃的石头还不只这些，我们还能举出很多惊人的例子来说明人们曾经吃过各种石头，或者把各种矿物掺在食物里用作药饵。

早在中世纪，就有人在面粉或面包里掺过矿物质，这主要是为了减少纯净面粉的用量。那时候掺在面粉里的各种矿物质是白色的，呈疏松的土状构造，或者是事先研成了粉末的，这样的矿物质有重晶石、白垩、石膏、菱镁矿、黏土和沙子等。

重晶石非常容易研成粉末，它又便宜又重，所以从前的人常常把它掺在按重量出售的商品里，特别是掺在小麦粉里。例如，德国有过一个时期掺假的面粉非常多，为了消灭这种现象，甚至禁止开采重晶石。

为了多赚钱，从前的商人常常向牛奶和酸奶油里掺白垩、石灰和苦土，向牛油里掺明矾、食盐、黏土、白垩和石膏，向干酪里掺石膏、白垩和重晶石；那时候的可可和巧克力糖里有时候也混有赭石、重晶石和沙子之类的杂质。掺在蜂蜜里的杂质有黏土、白垩、石膏、沙子、滑石和重晶石，掺在糖果点心里的有石膏、重晶石、滑石和黏土，掺在糖里的有石膏、白垩和重晶石。

各种矿物杂质，即使它们对人的健康没有损害，也还是不好的，因为这些物质都没有营养价值。

在古代，许多国家都发生过人吃土的事情，这在历史上是有记载的。

不管这样的事情是多么奇怪，可是事实上，地球上有许多地方确实

有一些爱吃岩石的人：他们吃了岩石会感到满意，有几种岩石在他们看来是特别美味的食物。

例如，在中美洲，还有哥伦比亚、圭亚那和委内瑞拉，有许多爱吃土的民族。尽管他们根本不缺乏其他食物，但他们还是要吃土。

非洲塞内加尔，产一种浅绿色的黏土，原住在那里的黑人吃着蛮有滋味。他们移居到了美洲以后，还在当地极力寻找这样的黏土。

在伊朗，吃土是一种普通的习惯，那里的市场上，即使在通常丰收的年月，也要在出售各种食品的同时，出售能吃的岩石：马加拉特的黏土和吉维赫的黏土。马加拉特的黏土是一种白色物质，摸起来有滑腻的感觉，在嘴里会粘住舌头，当地的居民特别爱吃它。

古代的意大利也有这种吃岩石的例子，那时候的意大利居民非常普

美国加利福尼亚州丘拉维斯塔南湾盐厂的晒盐场

遍地吃着一种叫作“阿里克”的饭，这是一种把那不勒斯地区开采的柔软的泥灰石同小麦混合起来做成的饭，这种饭里因为混入了泥灰石就显白色，而且很软。

西伯利亚鄂霍次克地区的居民，从前吃着一种混合了黏土的特别的饭。根据 18 世纪末著名旅行家拉克斯曼（Лаксман）的记述，这种饭是把高岭土和鹿奶混合起来做成的。那里的居民把这种饭当作珍馐，用来招待各地来的“尊贵的旅行者”。

我们看了上面的例子就能知道，可吃的石头是非常多的。这些可吃的石头具有多大的营养价值，是另一个问题；可是毫无疑问，就松软和柔和的程度来说，这些石头当中有许多种是非常可口，可以给某些食物调味的。此外还有一些石头可以用作有效的药剂。

5.9 生物体内的石头

石头是非生物界的一部分。因此，虽然我们知道石头的生成常常跟生物的生活或死亡有关系，但我们还是把石头跟生物的本身、跟生物体内发生的各种生活作用划分清楚。

但是这个常规有许多例外：动植物体内有一些真正的、典型的石头，这些石头具有矿物或晶体所具有的一切性质。

动植物体内的这类生成物，用显微镜来观察植物体的细胞时就能发现。我们常常能够看到植物细胞里有形状十分美丽的晶体、合生体和球体，由草酸钙或碳酸钙形成的这类生成物尤其多。在马铃薯细胞里，我们可以看到蛋白质的晶体；在某些藻类的体内，可以看到石膏的晶体。植物细胞内所含的矿物质，我们可以说出很多种，它们在植物细胞里积累的数量有时候也相当大。

矿物质的生成物在动物体内积累得更多，形状也比较大，这无论是在健康的动物体内还是在害着某种病的动物体内都是这样。在健康的动物体内有很多种极小的结晶生成物，例如我们知道，在某些动物的眼睛的脉络膜里，在坏死的骨细胞里，都有这样的生成物，还有在乳腺里有乳石，等等。在有病的动物体内，难溶的盐——主要是钙盐——会生成矿物质生成物而淤积在这些动物体的组织、体腔和导管等里面，这些生成物都是非常严重的结石。肝脏里有胆石和膀胱里有尿石常常给人带来很大的痛苦。

可是，积聚在生物体内的最奇异的“石造”物质，当然是各种软体动物的介壳、放射虫的针和骨骼、珊瑚虫体内复杂的间壁和外部的壳；要知道，那正是这些动物大规模地进行着硅石，特别是碳酸钙的沉积作用而形成的。许多地方的整片山脉和大片岩石都是由于这些动物进行了

珍珠，产自中国浙江省

生活作用而形成的。而在有一厚层珍珠质的贝类所生成的各种沉积物当中，我们知道真正了不起的生成物只有一种。

我所谈的是珍珠。在离现在还不很久以前，人们曾经做过仔细的观察和精密的实验，因而搞清楚了珍珠是怎样生成的，和在哪些条件下生成的。大家知道，珍珠是包在各种海水和淡水的软体动物的介壳里的。一般来说，凡是能够分泌珍珠质的软体动物都能生出珍珠。珍珠质和珍珠是同一种物质。珍珠是在特殊条件下生成的珍珠质。软体动物的外皮层在正常条件下会分泌出珍珠质来沉积在介壳的内表面上。如果壳里落进了一种外来的物质，譬如一个寄生虫或者一小粒沙子，珍珠质就会围绕着它像围绕着一个核似的成层地生长，终于长成一粒珍珠。

很久以前，人们已经知道外界的物体进入壳内是珍珠生成的原因，并且曾经试用人工方法来这样得到珍珠。中国人早在 13 世纪就作了这种尝试。18 世纪，大家知道有过林奈的实验，他把各种物体放进贝类体内的实验。在中国，就在现在还有人在春天收集贝类，把骨头、木头或金属的各种细小的制品放进活动物的贝壳里，让它们留在里面，等过了几年之后，这些东西外面长满珍珠质了，再把它们取出来卖钱。

但是日本的研究家御木本幸吉并不满意于这样的珍珠，他想无论如何要获得真正的、从各个方面看都很匀称的珍珠。他做过多次的努力和实验，经过多次失败，才达到了目的。1913 年，他终于从贝壳里取出了第一颗用人工方法培养成功的珍珠。从那时候起，御木本的事业得到了极大的发展。1938 年，他的人造珍珠培养场里差不多已经有了 500 个工作人员。御木本首先大量收集了上等的软体动物，设立了培养场，让它

日本御木本珍珠岛上的御木本幸吉塑像。御木本幸吉在这个小岛上首次成功地进行人工珍珠养殖，现在整个岛屿都归御木本珍珠博物馆有限责任公司管辖

们在培养场里繁殖，以便进行必要的观察。日本的英虞海和横须贺湾都不大，虽然连着大海，可是受不到强风和海浪的侵袭，御木本就在这两个海湾里设立了许多很大的水下培养场。他在海湾底部分布着软体动物的地方放了一些石块作为软体动物附着的地方，又不时地清除掉海湾底部对软体动物有害的其他动物。这样他就为这些软体动物的发育创造了有利条件。只有长大了的贝壳才收集在培养场里。许多日本妇女——所谓“海女”——常常潜入海湾，在水面下停留两三分钟，把幼小的贝壳收集在提篮里，然后把它们倒进铁丝笼里，沉到水里去。

用这样的方法来处理，贝壳就不会受到它的敌人的伤害，又可以经常得到观察，而如果发现它们所处的条件不利，还可以给铁丝笼挪动位置。贝壳长大之后，可以改放在大的铁丝笼里。生长了三年的贝壳，就用御木本发明的方法来处理：把贝壳里软体动物的表层小心地剥下来，别使组织受到伤害。这个表层对于珍珠的生成是必要的。然后，用这个表层包住一小粒磨得十分匀整的珍珠质小球，然后把这表层系紧，使它形成一个“珍珠袋”。把这个袋放进另一个贝壳里，将来这个贝壳里就会生成一颗珍珠。培养的贝壳经过这样的处理，势必有一半死掉；这种操作的本身又很复杂和细致，需要做得十分小心，还要有高度的技巧，而结果能不能成功还不敢说。

经过处理、应该有珍珠生成的贝壳，都放在大的铁丝笼里。每一笼放 100 ～ 140 个。所有的笼都有确切的记载。然后每 60 个笼用一只木筏吊住，沉入水里，每 12 只木筏连成一排，这样，每排木筏下面至少可以有 7 万个贝壳。

沉在水里的笼，每年从水里提上来两次加以清洗。在全部时间里，要对海水的温度、海流和这些软体动物所吃的浮游动物进行切实的研究。采用移动木筏、把笼沉入水中和提上来等方法，就能给贝壳提供最有利的生活条件，也就是生成珍珠的最有利条件。贝壳留在水里的时间是 7 年，一定要满 7 年才能从贝壳里取珍珠。

御木本有趣的实验，教会了人们利用生物来培养石头。这个想法已经很有趣，可是，科学家将来还可能更加广泛地利用动物来达到自己的目的。培养了合用的细菌，我们将来就能在一些大池里用盐类溶液来制自然硫。培养了某些微生物，将来就能从无用的含氮的废物里得到硝石，而且需要多少就能得到多少。在湖里培养硅藻，将来湖底就会沉积出纯净的蛋白石，湖水也会变成非常纯净的铝矿石溶液。至于用某些微生物来给田地施肥，现在已经在试着做了。

我想，这幅幻想的图景是会实现的，而且可能很快就实现，这样，微小的细菌世界也就要为科学家无往不利的智慧服务了！

5.10 冰花和冰

冬天到了，冷气来了。我一清早起来，看见整个窗户都冻上了花纹；一些奇形怪状的枝条、叶子和花朵，在窗玻璃上弯弯曲曲地构成了美丽的图案，在这些枝条的对面，又有枝条下垂着，上面长着同样的花朵。窗外下了雪，美丽的雪花像绒毛似的铺满了地面。多年以来，雪花落到了我的大衣袖子上，我总要欣赏它的美丽的轮廓，总要盯着这种六角小星星的尖端看。河流两岸全都冻上了冰，桥下垂着水滴冻成的乳头状的冰柱……

为什么我要描述冬天的景色呢？这跟我们的矿物学有什么关系呢？

冻住的泡泡上呈现出美丽的花纹

原来我是在叙述，我怎样在一个美丽的冬天早晨，观察了自然界里很重要可是研究得很不够的矿物之一的形成的基础，这种矿物就是冰，而我所描述的，只是冰也就是固态的水在外观上能够采取的种种不同的形状。

窗上的图案和单个的雪花，都是这种矿物所形成的美丽的小晶体。固然，由于晶体生成得非常快，所以它们并没有生成各方面都很规则的大晶体，而只生成了我们所谓的晶骸这种东西。无论是冰川里常年封冻的万年雪，还是河面上结成的冰，却正是由这样的小晶体形成的。

固态的水是暂时的矿物，是定期出现的矿物，可是我们知道得很清楚，冰在世界上的一些地方非常少见，在另一些地方却又永远不化。例如，在炎热的南方几乎看不到这种矿物，在伊朗的首都德黑兰，人们专门用黏土筑了水池，还在池子的周围垒起高墙来防止池水受到阳光的照射。在难得的发生微冻的夜里，这里池水的表面才会结成薄薄的一层冰，这时候，人们就不等冰在昼间融化，抢先把它小心收集起来，运进特设的地窖，用一层黏土严严地盖上。

而在北方或两极地区，这种矿物就完全是另一种情况。在这些地方，冰是很普通的岩石——“石冰”，例如，在雅库茨克地区的北部和北冰洋的岛上，我们就常常会在黏土层、沙层和冲积层里发现一层层的冰，就跟普通岩石一样。在这些地方冰可以代替玻璃使用，美国著名的极地探险家斯蒂芬逊就曾经描述过加拿大北极圈内麦德河流域的爱斯基摩人所住的小房子，说那些房子的窗户都嵌着十分美丽的湖里的冰片。

但是，不管冰在我们的生活里和在自然界里是多么普通，人们对它毕竟还研究得非常不够，常常会遇见这样特别的冰，我们很难搞清楚它们生成的原因。我要在这里把其中几种提出来讲一讲。

我们到北极圈里的希比内苔原去勘查的时候，下述现象给了我们很深的印象。只要头天晚间是个晴朗的寒夜，第二天清晨总能在空地上看到无数细小的针状冰，这些冰像直立着的茎，在阳光的照射下闪闪发

威尔森·本特利（1865～1931）拍摄的12种不同形态的雪花

亮，外表很好看。冰的尖端都有不同大小的沙粒和砾石，这都是冰在形成的过程中从地表面顶上来的。由于沙粒和砾石几乎像没有缝隙似的遮住了针状冰，所以这些冰针不能一下子就看得很清楚，只有到了近处，才能看到一整片透明的冰针。

这些针状的冰晶体，长度都不一样：有些长 1 ～ 2 厘米，有些长 10 厘米，甚至 12 厘米。在风吹不到的地方，在大石头的下方，在凹陷的所在，这些晶体都特别长。针状冰的粗细只有 1/4 毫米或半毫米。

冰针很少有孤零零地直立着的。通常都是若干冰针合生在一起，像一个小柱子，共同顶着一块砾石。在直径 12 ～ 15 厘米那样比较大的石头的下方，冰针的晶体并不一群群地合生着，而是密密分布在石头的边缘，像是给石头镶了边似的。有时候，生长着的针状冰显然是因为没有足够的力量把上述那样大的砾石从地面顶上来，所以仅仅顶起了它的一边。

冰所形成的这种有趣的晶体，并不是只在希比内才有。这样的冰，在北方和温带地方，都是十分普遍的。

在古比雪夫州的布古尔马地区，还有阿穆尔，上述现象都曾有人看到过。在很高的阿尔卑斯山上，有些研究家也看到过这种现象。瑞典的沼泽非常多，里面有时候整片整片地丛生着这种细小的冰针，冰针上面都有砾石和沙粒掩盖着。

这样的冰在日本也常见，这就是日本人很熟悉的所谓的“霜柱”。

又细又小——真像是小得微不足道——的冰针，合在一起就能共同进行巨大的工作，使砾石逐渐移动位置。冰针的晶体直立着把砾石顶在头上，在早晨融化的时候去迎着阳光稍稍弯曲一些，于是砾石落到的地方就不再是被冰顶起的原来那个地方了。这样一天天过去，有冰针晶体生成过的地方的土壤就好像被这些晶体分了类；因为这些晶体会把土壤里比较大的粒状部分顶起来，顺着空地的黏土质表面向东方移去。

为什么会生成这样的冰针呢？对这个问题，我们有很多答案，但是

在一堆红色黏土上形成的冰针，即霜柱

没有一个答案能够充分解释这种奇异而又美丽的现象。

冰还有一种出奇的情况。在契卡洛夫附近著名的伊列茨堡——我曾经在一篇谈到盐的短文里提到这个地方——有一个旧的开采面，里面充满了水，已经在变成一个盐湖。成千的病人在火热的阳光下聚集在盐湖岸边；湖水是非常浓的、饱和了盐的溶液，所以在里面洗澡的人决不会沉到湖底。湖的西方有很好看的雪白的岩石，那都是些有奇特轮廓的结晶盐；盐湖里沉重的水浪冲洗着岩石，所以岩石的表面到处都出现了很深的窟窿和凹洼。湖水的表面热得发烫。根据地质学家雅切夫斯基（Л. Ячевский）的测量，7 月里昼间湖水的温度达到 36℃。可是湖水的温度随着深度下降得很快。在深到 5 米的地方，已经降低到 -2 ～ -1℃，至于 20 米深的地方，那就成了寒冷的世界：这里的温度在夏天最热的时候也才 -5℃！

这里湖水的深处生成了多么有趣的矿物啊，冰在冬天从下往上生长，这又是多么奇怪啊！但这还算不了什么。就在伊列茨堡这个地方，又有一种现象引起了我们的注意。在这个盐湖的东北方矗立着一座石膏

孔古尔冰洞中的“钻石”冰窟

山。在这座山的朝南的陡陂上有一排小房子，住在里面的人就利用石膏质的岩石来搭冰窖。原来这个山坡上有些地方，只要靠着石壁随便建造一点什么，把一部分石膏质岩石跟外界隔开，就能得到一个低温的天然冰窖，因为这种岩石的裂缝和空隙里都有“强烈的冷风冒出来”。我曾经亲自到一些冰窖里去考查这种冷气流，这种现象不能不使我感到十分稀罕，尤其是因为这种现象发生在火热的夏天。显然，这种现象跟盐湖有关系，或者跟盐的矿床有关系，因为这座山的北面和西面就没有“冷风”。

这种现象又是一个谜，可是它使我们想起跟这里的冰窖显然有关系的另一种现象。这就是乌拉尔著名的孔古尔冰洞。

这个冰洞是由于从前的地下河流从这里穿过而形成的曲折复杂的通路，里面特别奇异的是洞口附近的许多宽敞的像一间间大厅似的空地方。其中有一间叫作钻石厅，完全是由冰花这种晶体装饰成的。这些晶体并不需要放大许多倍才看得出我们前面插图里所展示的六出雪花的形状，它们是整片整片手掌那样大的六角形。这种六角形的片是由很精致的细针和薄片交织而成，活像是用贵重的金属丝织成的工艺品。它们有的像花环似的下垂着，有的像整片森林似的铺满洞壁，用灯一照或者把蘸过煤油的麻絮燃着一照，就闪闪发亮。冰作为地球上真正的结晶矿物生长出来的美丽，在这里可说是登峰造极！

冰在我们的地球表面还能生成其他许多种形状。我希望读者在冬天能够仔细研究一下窗玻璃上冻以后形成的羽毛状花纹，用放大镜观察一下雪花，在夏天能够把小雹子的形状画下来，而如果到高山上旅行，还希望能够在其他的石头和矿物当中，特别是对于冰和冰的生命史注意考察一番。

总之，读者自己的主动性越大、兴趣越浓，那么，他对极其美丽而又多样的自然界就能理解得越深刻、越清楚。

5.11 水和水的历史

乍一想，关于地球上的这种重要的矿物，好像没有什么新鲜有趣的东西可讲。水，我们早已看得惯而又惯了；雨水、河水、平静的湖面和海面，在我们看来都太平凡了，以致水是不是一向就是这样，在地球的历史上，有没有过一个时期，水的意义远不像它在今天这样重要这类问题，简直想也不会想到。

最普通的自然现象，往往不会引起我们足够的重视，这种情形多得很。不但在人们的日常观念里是这样，在科学思想发展史上也是这样。例如，必须有著名的物理学家牛顿那样善于探索的眼光，苹果落地这样的事情才会刺激他去思考有关引力这种最“普通”现象的实质问题。

100 多年以前，拉瓦锡发表了他对水和热的看法。陈腐的、习惯的观点被打破了，新的、完全属于“异端邪说”的思想揭露了水的本质：正是那时候才确定了水是由两种挥发性气体组成的。

拉瓦锡曾经幻想：温度如果降低，地球会变成什么样子；在他幻想的图景里，地球的面貌就不像我们日常看到的这样——有流水、溪水和大量流动着的这种液体。假如木星的低温控制了地球的表面，水和若干种气体就会凝成固体。在这样的环境里，岂不就出现了一个新的世界了吗？在冰的山岳和岩石当中，我们还能知道什么是流动的、富有生气的水吗？拉瓦锡这样设想了水在地球的形成上和自然界的生活里的意义，于是，在死气沉沉的花岗岩跟流动的水之间那种如大自然的神经一般的明确界线，自然就消失了。

要估计水的意义，一定要在缺水的、没有生命的环境里才有可能。这种情形，不也就像人必须在生活里感到缺水的时候才知道水是像健康一样可贵的吗？

但是，关于水的意义，我现在不打算再讲下去；现在有整本整本的书都在讲这个问题，而在将来，也还能就这个问题写出一些新书来。现在我要讲的问题是，水是从哪里来的，有些什么规律决定着水的存在，以及水的将来怎样。早在古代理论不发达的时候，人们已经提出了关于水的起源和命运的问题。这些问题到今天还有人提，不过提法已经有了改变，因为它们是科学家们从实验室里提出来的。我们科学上有许多关于自然界的谜都是从古代流传下来的，现代的科学家也还在找寻它们的解答。但在科学上也跟在生活里一样，有许多思想长期保持不变，有些在历史上形成的观点往往只是由于习惯和历史悠久而一直保留下来。

地球上水的最古老的历史，是从荒漠开始的。在那个时候：

海洋还没有征服地球，或只局部征服了地球上一些不大的地方。地球的表面几乎是整片的陆地，陆地上有无数的火山和温泉，陆地各处，热的程度都不一样。这就是地球最古时期的荒漠。太古时代的暴风雨发出强烈的、可怕的响声，震撼了地球上的大气。有的时候，倾盆大雨用绝大的力量把它所击碎的各种生成物从荒凉的、岩石重叠的山谷冲到一望无际的死气沉沉的、光秃的平原上……太阳把这些地方晒得十分炙热，在那里，寒冷的山顶也不能使蒸汽凝结成云。海还没有形成，或者只在这个年轻的行星上几处最深的凹地里刚刚形成。地面下，离地表面还很近的地方，有封在不久以前才形成的石头的壳里的一片片滚烫的物质，这就是地球的炽热的岩浆。岩浆有的在地面各处涌出来成为奔腾的急流，为以后的破坏作用提供了新的岩石原料，有的从地下深处大量喷出新的水蒸气，这种水蒸气就是缔造未来海洋的物质。

这是莫斯科的教授巴普洛夫（А. П. Павлов）在 1910 年就地球在遥远的过去的面貌，也就是在我们这个行星上出现水以前的面貌所作的美丽的概述。那时候，炽热的地球外面包着一圈沉重的水蒸气和各种气体，温度高达350℃以上，所以不可能形成世界规模的海洋。但是后来地球慢慢地冷却了，跟着，大气也逐渐冷却。水蒸气下沉变成热的水流，热的水流又重新变成水蒸气，于是炽热的荒漠里就集合了一股股的热水。冷却了的水蒸气和气体就这样生成了最初的海。流入这个海的，有凝固的岩浆所含的挥发性物质，还有从火山口里喷出来以后又冷却了的水蒸气。从那时候起，“处女”水，或者原生水，也就是地球上最初产生的水，就开始聚集到这个年轻的海洋里来。这些水也就是现在某些病人用来恢复精力的许多矿泉水的源泉。谁说得出来，这样的水有多少是从太古代起就生成了的呢？谁敢断定，全部现在海洋里的水从前都是地球上原始大气的成分呢？最初的海洋生成以后，就逐渐生长和扩大起来。它的成分、它的轮廓和它的水量，都由于复杂的地质作用而起了变化。现在我们看到的是一片片望不到边的水，这正是地球过去的全部历史的结果，而科学家的任务就是揭开这汪洋一片的大水的谜。

早在1715年，科学家哈雷就问为什么海水有咸味，他想在水的过去的历史里寻找这个问题的答案，他这样做是十分正确的。

原来海洋在地球表面上形成以后，里面的水在漫长的历史过程中，曾经进行过巨大的化学反应。海水在地球表面上一次又一次地进行着经常的循环作用，把所有容易溶解的物质都冲到海里，把这些物质按照比重来分级，使难溶的、稳定的化合物堆积在海底。海洋里的生物由于进行了复杂的生命活动，又摄取了这些化合物的一部分，而不去触动其他部分。这样，在整个地质史的进程中，积聚的海洋上层的水里的各种盐类就达到了非常庞大的数量。

盐类的这种富集作用在今天也还在继续进行，每年都有千百万吨的可溶性物质被河水冲下来。美国地质学家克拉克计算过，可溶性盐每年由河里流入海洋的有27.35亿吨之多。他还想根据这个数字来计算：需要多长的时间才能形成现代海洋的成分。因为氯化钠在海水里的总量是33000万亿吨，而每年流入海洋的氯化钠大约是1.1亿吨，所以用后一个数去除前一个数就能求出海洋的年龄。

地球表面上的水从它最初出现起到今天一直在进行着两种循环作用。水从海洋湖泊的表面以水蒸气的形态上升，里面还夹带着海浪溅起的飞沫和溶解在飞沫里的盐。每年总有36万立方千米多的水像这样凝成云雾，被风吹散到地球表面各处去，润湿土壤，并且使植物生活所十分需要的氯化物以细小的粒状分散开来。

这就是水在过去和现在所进行的外部循环作用，这种作用使得生物有可能存在，使气候发生变化，使土壤变得肥沃。

但是还有一部分水不可避免地返回到地下。水被吸入地下的通路很复杂，到现在还没有人做过比较详尽的研究来充分说明它。

许多不同的理论试图解释水流入地下的现象，从古希腊哲学家柏拉图和亚里士多德认为地上的水是通过当时神话里所说的地狱的深渊进入地下的想法起，直到现代根据分子物理学定律所作的解释。

水从它在地球表面出现直到今天，已经做了非常巨大的工作。地球表面上的水曾经在地下深处经历复杂的道路，完成了巨大的化学任务：它破坏岩石和矿物，溶解各种盐，使沉积物进行再结晶作用。地球表面的全部化学生活都在水溶液里进行，进行的方法又非常多种多样，结果不但改变了地球的面貌，也改变了地球的成分。大气里的水蒸气吸收了太阳的热射线，跟空气和二氧化碳共同造成了地球表面上比较高的平均温度（16℃）。水不断地吸收太阳能，升到山顶上去集合，这就成了巨大的破坏力的源泉。

地球上，有了最初的几滴水，才能有生物。生物在地球过去的历史上是经历了复杂的进化道路发展起来的。而生命能够出现和进化，全是水的功劳。

水是生物体的最重要的组成部分，它在一些水母体内的含量多达99%，在人体内的平均含量也有 59% 之多。

以上就是我们所知道的关于水的过去，而水的现在和将来也是跟它的过去紧密地交织在一起的。

第 6 章 为人类服务的石头

6.1 石头和人

人正在兴建城市，设立工厂，修筑道路，挖通隧道，在做着各种各样伟大的工作；因此，无论是沙子、砾石或石块——一切多种多样的矿物资料，也就是整个没有生命的自然界，对于人的经济活动都是十分需要的。

我们知道，以前农民每年都用简陋的木犁和铁犁耕地、翻土。这样耕作的结果，每年翻起的土壤共有多少呢？

如果计算一下，就知道每年这样翻起来的土壤差不多等于一个每边15千米的立方体，也就是3000多立方千米。我们很了解这个数字的意义，因为我们知道，地球上所有的河流每年冲到海里去的各种物质，不管是溶解了的，还是混悬在河水里的，一共只有两三立方千米。

人每年从地底下开采出来的其他物质各有多少呢？让我们来算一下，尽管只是一些近似的数字：

煤	130000万吨
铁	10000万吨
各种盐	3000万吨
石灰石	2500万吨
各种金属	1000万吨

人每年开采的各种物质的总数，大约是20亿吨。

为了了解这个数字的意义，我们可以想一下，挂着50节车皮的一列很好的货车，平均能够载货1000吨。这就是说，人每年从地下深处开采出来的矿石、金属、石头、煤和各种盐，差不多要用200万列货车才能运走。

如果计算一下，全人类从有史以来从地底下一共开出了多少石头，那么得到的数字就更庞大。这只要指出一点来就够了：单单石油一项最近 50 年的开采量，就能装满一个周长 40 千米、深 5 米的湖。单单英国一个国家在它的历史上从地底下开采出来和用掉的各种矿物和岩石，就超过 40 立方千米。英格兰的房屋重达 5 亿吨左右。单是塞瓦斯托波尔一个地方从地下采石场开采出来的石灰石就多到这样：在开采出这些石灰石以后留下来的地方可以筑成许多间良好的干燥储藏室，来储藏 4 万吨葡萄酒和香槟酒（英克尔曼储藏室）。

那么石头被人开采出来以后会怎样变化呢？

原来，尽管石头十分坚硬和牢固，它在人的管理下还是不能永久不变；它会逐渐消失，逐渐分散到世界各处去。甚至被制成了硬币和各种制品的金，在人手里也磨损得很厉害，所以这种金属在全世界各个银行

运煤车，选自 W.H. 帕利什出版公司于 1895 年出版的 12 卷俄亥俄州托利多的历史相册，现藏于美国俄亥俄州托利多—卢卡斯县公共图书馆

里的贮备量每年会减少 800 千克，也就是说，每年差不多有 800 千克的金变成微尘。煤，放在工厂的锅炉和别的炉子里烧掉以后，就一去不复返。铁，尽管人想尽了办法去保护它——给它涂上油漆和镀上锡、锌，它还是会生锈、磨损、氧化，终于变得不合用。食盐，或者被人吃掉，或者被人变成其他化学工业产品。铺路的石块也会变成微尘——一切都会消失，所以人还得一次又一次地重新开采石头。

人在地下开采的有用矿物，一年比一年多。

铝、铬、钼和钨这些金属的产量，在最近 100 年里几乎增加到了 1000 倍；铁、煤、锰、镍和铜的开采量和冶炼量增加到了 50 ～ 60 倍。自然界的物质被引进人的活动范围内的越来越多了。有些物质昨天看来还不需要、没有用处，今天却变得非常有价值。地壳里分布最广的石灰岩和黏土已经开始参加人的经济活动，而人把矿产也就是把石头和矿物研究得越充分和越深入，他在各种矿产身上所发现的宝贵性质也就越多。

这个工作只有矿物学才能帮助我们做到，也正是因为有了矿物学，人才越来越了解地球内部的矿产和资源，甚至使无用的石头都来为人类服务。

各种矿产的埋藏量正在逐年减少。这是因为石头不像植物，一旦用掉，就决不能很快又生出来。根据地质学家和矿物学家的计算，像目前这样去开采煤和铁，全世界各地目前所知的煤只够开采 75 年，铁只够开采 60 年。假如人类一直这样掠夺自然界，将来一定会弄到没有天然富源的地步。必须保护自然界，必须保护天然富源，必须学会把各种金属和盐都提出得一点不剩，把每种石头都尽可能充分地加以利用，而不要让石头在地球表面白白地散失掉。

固然，人类还要到遥远的将来，才会遇到铁荒和煤荒的威胁，可是矿物学家和化学家，技术专家和冶金家，你们今天就应该联合起来共同工作，以便推迟这种威胁的到来。

我们正从铁和煤的时代进入一个新的时代——黏土、石灰岩、太阳能和风力的时代。苏联的未来就寄托在各种轻金属上面，明媚而又温暖的日光上面，苏联南部沙漠里一望无际的沙丘和北部的黏土地层上面。

6.2 碳酸钙的历史

在地球上，或者说得确切些，在地壳的外部，分布最广的矿物中，有一种是碳酸钙，也就是矿物学上所说的方解石。碳酸钙是一种化合物，它构成石灰岩和大理岩而形成整座的山，它大量地含在土壤里和泥灰岩里，还溶解在河水和海水里。人用它来造房子，把它跟其他的物质掺混起来制造水泥，还用它来铺城市里的人行道。石灰岩为人类服务的规模非常巨大，在这方面恐怕只有它才比得上黏土。石灰石每年的开采量差不多是 2500 万吨，每年几乎要有 200 万节车皮——相当于 4 万列火

在澳大利亚昆士兰埃尔利海滩附近的观景飞机上俯瞰大堡礁。位于澳大利亚的东北海岸的大堡礁是世界上最大最长的珊瑚礁群，由数十亿只珊瑚虫构建成，是生物建造的最大的物体

车——才够装运人从矿山上开采到的这种极其重要的产物。

但是，石灰岩的历史十分复杂而又悠久。许多科学家都研究过它的历史，可是到现在还远没有把它完全研究清楚。

每年都有庞大数量的碳酸钙形成极小的微粒或渣滓，随着河水流入海洋；有人计算过，每 1.5 万年河水冲走的碳酸钙，在数量上等于现在所有海洋里所含有的这种物质。那么海洋里的碳酸钙消失到哪里去了呢？

现在我们十分清楚，生活在海洋里的动物会把碳酸钙吃下去留在体内，碳酸钙就变成这些动物的骨骼和介壳。

极小的珊瑚虫会造成庞大的建筑物，这样的建筑物平均每年高出 1 厘米，在几十万年里就形成许多巨大的暗礁和岛屿。

可是，不仅仅珊瑚虫在摄取碳酸钙来建造自己的骨架，还有别的微小动物——例如在显微镜下放大了许多倍才能看见的根足虫——在这方面也做了不少工作。根足虫在千百万平方千米的大洋底部积累着厚层的小颗粒状的白色沉积物：白垩岩和石灰岩。这些小得不足称道的生命的建筑者，正是自然界里最有本领的活动者。莫斯科的大建筑物，巴黎或维也纳的房子，阿尔卑斯山的尖顶，克里木的高大山峰，伏尔加河岸边美丽如画的日古利山，还有世界最高峰——珠穆朗玛峰，所有这些归根到底都是由极小的动物构成的。

海生动物的骨骼和介壳等逐渐地沉到海洋的底部。这些不定型的颗粒夹杂着生物的残体和死掉的生物体腐烂后的生成物，就在海洋的底部生成了大量的淤泥状物质。正是在这里——在海洋深处，发生了我们所说的沉积变质作用这类特殊的化学变化和物理变化，结果半液态的淤泥状物质才逐渐变成了岩石，石灰岩、泥灰岩和其他的石灰质岩石才在海洋底部一层层地沉积出来。

碳酸钙历史的第二页，也就是石灰岩产生的经过，就到这里完结。接着第三页：海底慢慢向海面隆起，海水流走了，在原来是海洋的地方出现了高大的山脉；原来在水面下的石灰岩层变成了山脉的峰顶；有些岩层发生折曲而升得更高，另一些却下沉了……就是地球的这种巨大力量产生了风景美丽的克里木南部的岩岸和高加索断层。

可是碳酸钙历史的第三页不长，很快就转到了第四页：雨水和冻冰，溪水和河水，开始了工作。它们溶解了碳酸钙，使人看到了许多值得惊奇的、壮丽的现象。

你瞧，这里是汹涌的河流切断了石灰岩质的山脉，开凿出两旁高几百米的狭窄的峡谷。汹涌的河流的上方是狭窄的悬崖，羊肠小道就在悬崖上沿着河岩盘绕着，使旅客或商队处处都能遇到危险。

你瞧，那里却是被侵蚀了的石灰岩质的旷野，上面有巨大的漏斗状洼地，漏斗的管子一直深到地下。在这种地方，地面水的侵蚀作用常能深入地下几百米，因而使亚德里亚海和克里木的喀斯特地区形成了复杂难行的迷宫。水在这样的地下深处，一滴滴地溶解着石灰岩，结果就给神话般美丽的山洞添上了碳酸钙沉积物的光怪陆离的图案和富丽堂皇的建筑……

碳酸钙历史的这几页表明它是一直在漂泊流浪的，这种漂泊流浪，我们在矿物学上叫迁移。

有些地方，水把碳酸钙溶解了，而水流到另一些地方又把碳酸钙沉积了出来；山洞里巨大的钟乳石柱变成了湖泊里植物周围的石灰质外壳，山洞里细小的管子变成了娇柔细致的、包住了地面泉水里的植物和水藻的灰华。溶解了的碳酸钙有一部分又跑到河里，重新随着河水流入海洋，而另一部分却经过一连串复杂的变化，可是最后也是流到海洋里去。这样，碳酸钙在它的历史上就又作了一次螺旋式的循环。这样的循环被人干涉得很厉害，人从这个循环圈里把碳酸钙一块一块地拉到外面来，用这些石块来修建房子、桥梁和城市；但是人的这种活动比起极小的根足虫的活动来是多么微不足道啊！根足虫利用它的生命力造成了整座整座的大山，纽约的摩天大楼跟这些山比固然黯然失色，就是人的技术能够修建的最大规模的建筑物——从用 200 多万块石灰石垒成的埃及胡夫金字塔起到用雪白的大理石筑成的精巧细致的米兰大教堂止——跟这些山比起来也都显得十分渺小！

6.3 大理石和它的开采

我想你们不会以为大理石只能用作公园或博物馆里雕像的材料，以为它只适于用作漂亮房子的建筑材料。不，实际情形不是这样的：大理石是非常有用的石头，它的用处不仅仅表现在我们在博物馆里欣赏的那些绝妙的意大利和希腊的工艺品方面。

现在我们常常能在极多的地方完全意外地遇到大理石。在医院的手术室里，所有桌子和墙壁都一定要干净到理想的程度，所以大理石板是独一无二的材料；发电站里要用大理石做巨大的配电盘，以便在上面安装操纵电机的各种装置，还要用大块的大理石板来装饰墙壁，因为大理石不导电；医院和疗养院里要用大理石来砌造非常干净的澡盆和脸盆；皮革工厂里要用巨大的大理石辊来轧制最细的皮革；地下铁道、戏院、俱乐部和公共建筑物要用大理石造柱子和栏杆、作砌面材料、造台阶和窗台，因为大理石很坚固，容易保持清洁，不怕水，不怕冻，也不怕成千上万只脚在上面践踏；漂亮的建筑物要单用大理石，或用大理石颗粒和水泥的混合物作砌面材料（例如莫斯科邮政总局和莫斯科市苏维埃旅馆）；此外，使用大理石的地方非常多。我实在很难把它在我们日常生活里和工业上的用途全部说出来！

大理石是坚硬的矿物，可是它又柔软得容易用铁器锯开。有的大理石洁白得出奇；有的大理石微微透明，像人的细嫩的皮肤一样；有的大理石杂色斑斓，十分美丽——黄的、粉红的、绿的、红的、黑的，应有尽有；所有大理石都质地均一而又纯净，不导电，不怕水和空气的破坏作用。它是落在人手里的了不起的好材料，人在好几千年以前就已经知道它的价值了。

谁要是欣赏过古希腊人用雪白的大理石造的庙宇，或者踏着弯弯曲

阿拉伯联合酋长国首都阿布扎比的谢赫扎伊德大清真寺就用到了卡拉拉大理石

曲的楼梯到过大理石造的米兰教堂的顶上（这个教堂从地面到层顶都是密密丛丛的细致的大理石雕刻、大理石柱子和大理石雕成的装饰物），或者踏着大理石台阶往下到过莫斯科的地下铁道，那他就不能不对这种绝妙的石头打心眼儿里叫一声好。如果他看到了大发电站里的大理石，他更可能不停地赞赏，因为这里的大理石都是特别好看的磨光了的大石板，面积大到好几平方米，而操纵着好几百马力电能的各种仪表、开关，就是按照严格的、一定的位置安在这些石板上的。

在开采大理石并向全世界供应这种石头的所有国家当中，意大利占第一位。在意大利的地中海沿岸，著名的卡拉拉附近，有 1000 来个白色大理石的开采场。在高山上和荒凉的峡谷里，白色的大理石跟阿普安阿尔卑斯山上的积雪不可分地连成了一片。好几吨重的大理石块开采出来以后就放在滚轴上，再套上牛把它从荒凉的悬崖上往下拉。为了防止石块滑下去压坏人和几十头牛，就在后面用链子坠上几块同样的石块。后

意大利的卡拉拉大理石开采场

面的石块在山坡上隆隆地着地前进，减低了滚轴前进的速度。

每年差不多有 60 万吨的大理石用这种方法从山上拉下来，拉到了山谷下面再用火车运走。水力机嘎吱嘎吱地发出难听的响声，在一连好几个月里把大理石块锯成石板。然后，用火车把大理石板运到地中海沿岸；到了这里，巨大的起重机就把大理石板和石块吊起来，送进大的远洋轮船的货舱。这样，每年从意大利出口的大理石，它们的总体积就大到相当于边长 60 米的一个立方体，也就是说，这个立方体每边的长度差不多等于两个电线杆之间的距离。

大理石在苏联境内的埋藏量也很丰富，卡累利阿、莫斯科附近地区、克里木、高加索、乌拉尔、阿尔泰和萨彦岭都产这种石头。近年来，苏联地质学家又发现了许多埋藏量很丰富的大理石矿床，这很难一一列举。

苏联再也不需要输入卡拉拉产的大理石了，现在苏联已经有了自己的大理石厂和工场；苏联的地铁、很多新的建筑物和高耸云霄的莫斯科大学的漂亮建筑物，都用绝妙的杂色大理石装饰着，那都是苏联自己出产的。

然而大理石并不是永恒不变的：请看看圣以撒大教堂博物馆的旧的大理石砌面，或列宁格勒大理石宫的柱子，再比较一下各部分的大理石雕刻，这样，你立刻就会看出旧的大理石块改变得多么厉害，棱角变得很不明显，各个装饰物变得比从前小了。原来空气中——尤其是城市里的空气中——含有许多种对大理石有害的物质，因此，雨水对这种石头的破坏作用也就相当厉害，进行得相当快。

大理石在100年里被雨水溶解的厚度大约是1毫米，在1000年里就是1厘米。可是这还不算什么：大理石的破坏作用在离海不远的地方尤其厉害，因为海水的飞沫会被风吹上岸，一直吹到离岸好几百千米的远处，而海水是含盐的，因而对大理石有更大的侵蚀作用。雪对大理石的破坏作用比雨水大，因为雪从空气里所吸收的对大理石有害的酸往往比较多。在大理石缝隙里凝固的水，还有植物和真菌的细根，也都能加速大理石的破坏；夹带着尘埃和沙粒的风，也能磨损和破坏柔软的大理石表面。我把这种石头的优点和缺点都给你们列举出来，不是没有道理的。在自然界里，永恒不变的东西是根本没有的。千千万万年的地质时代，一方面把极小的沙粒积累成整座整座的山，而另一方面却又在破坏和削平着坚硬的、不可动摇的岩石。自然规律是一样的，所以在自然界所经历的复杂的地质史中，人的活动和“人的创造的永恒性”只是十分有限的，“一转眼”就会消失掉的。

将来你们如果走过列宁格勒的大理石宫或圣以撒大教堂博物馆，而看到卡列里产的漂亮的灰色大理石砌面，或者你们走过莫斯科普希金造型艺术博物馆，而看到用乌拉尔南部产的白色大理石造成的漂亮的柱子，就请不要忘记关于自然界生活的这条规律。

6.4 黏土和砖

我想讲一讲关于砖的漫长的历史。真的，我看，读者一定都想不到它的历史会是那样复杂有趣。

处在熔化状态的大量花岗岩浆在地下深处沸腾着。岩浆里充满了水蒸气和各种气体，它喧腾着要打通到达地表面的道路。黏稠得像面团似的液态花岗岩浆进入了地壳，然后像大圆面包那样慢慢地凝成了巨大的花岗岩体和花岗岩脉。我们在杂色的花岗岩图案里可以看到粉红色或白色的晶体，这些晶体外面还有片状的黑色云母和半透明的灰色石英围绕着。这些白的、黑的、浅黄色或粉红色的矿物都是长石，而长石正是未来的黏土的来源。

地表面上的水开始冲洗花岗岩了，河水越来越深地侵入了花岗岩体，再加上风吹雨打太阳晒，花岗岩就被侵蚀成了很古怪、很特别的样子。花岗岩在破坏着；黑色的云母片显出金黄色而变成了“猫儿金”；灰色的石英剥落成颗粒，滚圆了就变成细小的石英沙。可是长石比云母和石英起的变化更大。水和太阳彻底破坏了长石，长石所含的物质有一部分被空气里的二氧化碳夺走，另一部分被水夺走。长石逐渐碎成了细粉。没有起变化的长石晶体的剩余部分，积聚起来成为松碎而又发黑的淤泥。沙漠的炎热气候促进了这种破坏作用：风把长石微粒吹起，把它们像雪堆似的吹集在风力达不到的地方。沼泽里含铁的黑色的水帮助着淤泥的生成，所以在炎热的热带森林地区，沼泽低地的底部都沉积着这种淤泥状的黏土颗粒。有时候，其他的有力因素也能促进黏土的生成。来自北方的大冰块把正在破坏过程中的长石磨成细小的尘末；这样的尘末形成了冰川游移质，被冰水带到很远的地方，这种黏土大量堆积起来，就留下了好几千公里长的冰川沉积的痕迹。

整个俄罗斯共和国的北部都布满了这种黏土；这片黏土地带里还散布着巨大的砾石，那是冰川从遥远的北方向南移动的时候带来的。黏土地带的边缘上有时候积聚着石英沙，那也是花岗岩破坏以后的生成物。

砖，正是人用经过长期漂泊的这种黏土造成的东西。人把黏土采集起来，去掉它里面混杂着的砾石和沙粒，加水调匀，做成砖的样子，先放在空气里晾干，再用火烧干。这样，黏土就逐渐失去水分，逐渐改变形状，终于变成另一些矿物。科学家把在高温下焙烧过的这种黏土磨成薄片，用高倍显微镜来观察，就发现了一些他很熟悉的、曾经在压力极大的深地层里遇到过的针形矿物。

长石的晶体以一种新的形式复活了。砌砖工人造着房子，想不到他所垒的砖正是从前地下熔化物的残余。他也不知道，用来黏合砖块的物质并不是什么简单的石灰浆，而是在多少亿年前、在今天早已消失的海

爱沙尼亚的第四纪黏土（已有40万年历史）

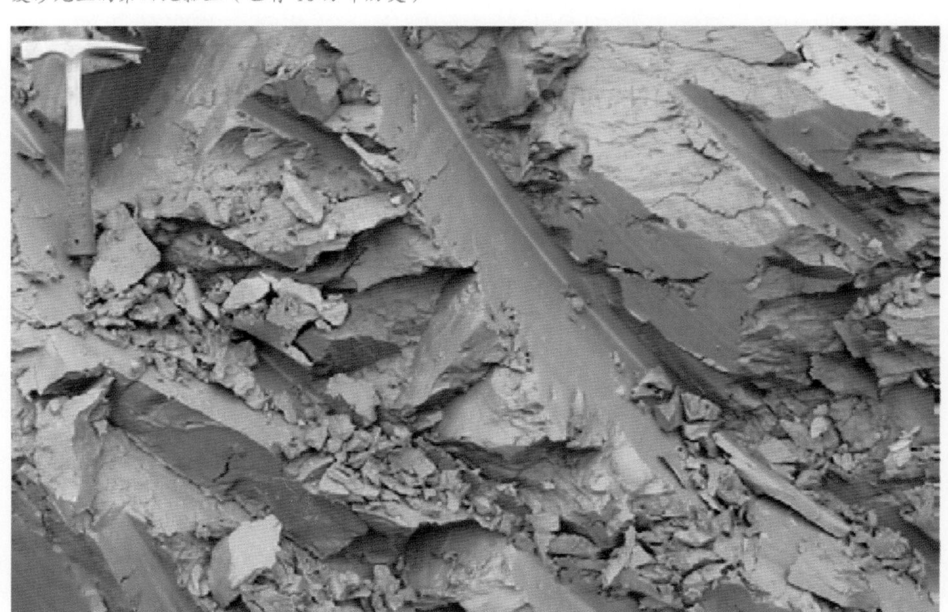

洋里生活着的一些动物的残体。

而瓷碗、瓷盘或者搪瓷用品能够告诉我们一些什么，你们知道吗?瓷的历史还要有趣，因为用来制造瓷器的纯净的黏土——高岭土，它走过的道路还要复杂。这条路从混杂着地下深处的炽热熔化物的液态岩浆开始，经过炽热的水蒸气和有毒气体的喷出，最后来到浅水湖底部的宁静的沉积物。黏土现在虽然已经在用来造砖、造陶质的管子、瓷盘或普通的瓦盆，但它的历史并没有就此完结。黏土和跟它类似的一些物质，近年来又给我们打开了一些完全不同的途径。用这些物质可以提炼“轻银”也就是轻得出奇的轻金属铝，来制造飞机机身和汽车车身，制造发电站用的导线，制造漂亮的锅、碗、匙等。以前，这种金属很值钱，完全是用来制造最贵重的物品的。现在，设立在大瀑布近边的大工厂，每年炼出的这种轻金属多达 1000 万吨。在 50 多年前，恐怕任何人，连经验丰富的、幻想能力特别强的地质学家也想不到，能够从普通的黏土里得到制造飞机的原料吧。

写到这里，不能不提到黏土最多的国家——苏联：苏联的北部有冰川沉积下来的整片黏土，南部有雪白的高岭土，顿巴斯有像脂肪那样滑腻的耐火黏土。长期以来，人民不知道怎样利用这种富源，对这种富源也知道得很少。美国有一个最有名的地质学家说过：“每个人对黏土的平均使用量，是一个国家的文明程度的标志。”这句话变相地重复了大家熟悉的另一句话：一个国家的文明程度的主要标志，是每人每年的肥皂使用量。的确，黏土长期以来没有得到俄罗斯科学和俄罗斯矿业的重视，因而几乎没有人去研究它和勘查它。

其实著名的旅行家巴拉斯（Паллас）院士在 1769 年就叙述过黏土的利用问题，他描写了俄罗斯乡村和偏僻地方生活的凄凉情景，同时又疑讶地叙述到人们为什么不知道利用黏土和石头来改建那些木料堆成的城市，以免发生毁灭性火灾。他说：

卡西莫夫虽然有非常适用于建筑的石头，可是根本没有拿来用，因为全城的建筑都是按照俄罗斯的习惯，用木材搭成的，而使外乡人看了更加奇怪的是，尽管石头多得很，连铺路也还是用圆木和木板。至于某些教堂和官房，却是用很坏的砖块砌造的，因为在烧砖的时候碰上黏土就用，并没有考虑到黏土的质量。

现在，在沃尔霍夫河岸上、第聂伯河岸上和乌拉尔已经建立了高大的工厂，来从混有铝土矿的黏土里提取铝了。

从此，苏联境内蕴藏最多而利用很少的富源之一，就生气勃勃地登上它的远大前程了。

6.5 铁

我想让读者吃一惊，描绘一下，要是地球表面上所有的铁突然全都消失了，而且无论从哪里都再也得不到铁，人类会陷入怎样的境地。这个境地读者可能知道得很真切，因为那样的话，他的铁床就没有了，所有家具都散开了，所有钉子都不见了，天花板要塌下来，房顶也要没有了。

在户外会变成一片可怕的破坏景象：无论是车皮、机车、汽车、马车或栅栏都要没有了，连铺的路面上的石头都要变成破碎的黏土，植物也由于失去了维持它们生活的这种金属而开始凋萎和死去。

整个地球表面都会像遭到了一场风灾似的，人类的灭亡也就好像不可避免。

然而人是活不到这个时刻的，因为人一旦失去他体内和血液里的3克铁，他就不能生存，因而来不及看到上面所说的各种情况，3克铁只占人的体重的二万分之一，可是失去了它，就是死亡！

我们是铁的世纪的人：我们每年消耗的铁在1亿吨左右。在1914～1918年第一次世界大战的某几个月里面，从各种炮发射出去的铁比许多铁矿所含的铁还多。在那次大战期间，单单德国军队每年发射的铁就多达1000万吨。这个数量，比俄国在战前的铸铁年产量还多一倍半。凡尔登附近受到许多个月的轰炸以后，堆积在那里的铁就有300万～500万吨之多。各国为了铁矿石的产地而进行战争，在停战谈判中，也为了这些产地而互相争吵。

人一直在极力设法把铁保留在自己手里，然而总是白费力气：人给铁的表面镀上薄薄的一层锌或锡，把铁变成白铁或马口铁，给铁涂上油漆或假漆，镀上镍或铬，使铁的表面氧化，给铁涂抹油脂或煤油——人用尽了各种方法，想使铁留在自己手里的时间越长越好。可是铁总是在不断地消失，生锈，被水冲洗掉，重新分散到地球表面各处去。

“要铁，要更多的铁”——这个无底洞般的世界老在这样要求着。在将来的人类面前会发生我在前面所描述的那幅可怕的幻景。不再有更多的铁了，铁荒来了！

不要笑我的这个幻想。要知道，早在2000年以前，古希腊就已经想到了铁荒的可怕。希腊哲学家这样问过：一旦地球上的铁没有了，最后的铁矿开采完了，那时候人类会怎样呢？

后来古罗马也想到了没有铁的可怕，果戈理曾经就这种情况作过精美的描述：

赤铁矿与水晶，其中黑色矿物为赤铁矿，产自中国广东省金龙县

铁的罗马屹立着，扩展着，它长枪如林，刀光闪闪，嫉妒的目光四射，壮健的胳膊横伸……于是我懂得了人生的秘密。默默无闻，对人来说，是下贱的：你是人，你就要光荣，就要追求光荣！被铁声震聋了耳朵的人啊，你就在空前的狂欢里，手执古罗马装甲军团的致密的盾牌向前猛冲吧！你将凶狠而且严肃地一步一步占领全世界——最后你还将征服天空。

然而在当时这些仅仅是古代哲学家的恐惧，要不然就只是他们大胆的幻想。可是 19 世纪，铁的世纪到来了。人们开始为铁进行斗争，巨大的铁矿逐渐采尽，铁的价格开始上涨，这是第一个可怕的警告。

在美国，已故的罗斯福总统初次发出了警报，在华盛顿的白宫和摩天大楼的钢筋水泥建筑里，煤铁大王、铁路大王和靠铁发财的大亨之间曾经发生激烈的辩论。

国际地质会议开幕了，全世界最有名的地质学家计算了铁的储藏量。计算的结果是怎样的呢？

铁的开采量在不断增长的情况下，铁的储藏量只够开采 60 年！我的神话般的幻想仿佛就要变成现实，到公元 2000 年，人真要弄得一块铁都没有了！

可是读者可以宽宽心——情况还不至于这么可怕：我们每年都在发现新的铁矿，技术也在不断地改善着，人们将要找到冶炼劣质铁矿石的方法。一旦富矿枯竭了，就可以开采贫矿和其他的劣质矿；一旦铁的价格上涨到跟银一样，那么每一块花岗石都会成为适于炼铁的矿石。

读者看得出，我的这番宽慰还是很有限的：因为我在上面只谈到铁的价格上涨到跟银一样的时候，但是缺铁以及此后铁荒的威胁毕竟还是存在的啊！

铝土矿，产自中国山东省淄博市

那么怎么办呢？只有一个办法，这是我们在第一次世界大战期间学到的，这个办法当时在德国普遍使用，德国人甚至专门给它起了个名字，叫作“艾尔沙茨”[1]，意思是代用品。如果某一种东西没有了，就找另一种合用的东西来代替它。给铁寻找代用品将是不可避免的事。我们现在切不可以随便浪费这种金属，必须想出办法来节省它，并且必须在发展黑色冶金业的同时，学习怎样把农业和工业的基础改建在分布更广的其他新物质和新金属上。

质量很轻的铝以及铝的合金，正在代替质量很重的铁。现在我们造大房子的时候只搭很细的骨架——钢筋，外面要包很多的水泥。我们架桥、造拱门和立杆子，都不用木材和密实的铁，而是用钢筋混凝土。甚至一些船只也开始在用钢筋混凝土造了。

铁的世纪正在逐渐过去，我们的下一代一定会生活在铝、锂、铍这

1.“艾尔沙茨”是德文 Ersatz 的音译。——译者注

三种地球上最轻的金属里，生活在钙和镁这两种在自然界里分布最广的物质里。

未来是属于其他金属的，而铁将成为立过功的、完成了历史使命的老材料，获得荣誉的地位。

可是现在离这个未来的时代还远得很；矿物学家，你们要学会保护铁，要寻找它的矿床，可是也要寻找它的一切可能的代用品！

铁在现代是冶金、机器制造、交通运输、船舶制造和桥梁建筑的基础。不要忘记：铁在目前是工业的中枢神经。

6.6 金

很难举出另外一种金属，在人类历史上起过比金更大的作用。人在各个时代都尽力想得到黄金，即使犯罪、使用暴力和引起战争也要把黄金弄到手。从原始人从河沙里淘洗出金来制成装饰品起，到现代的厂主开设工厂、使用漂在水面上的巨大挖泥机止，人一直在顽强地争取占有这种天然富源的一部分。但是这部分金，比起散布在自然界里的那些金来，比起人类的要求和愿望来，是微不足道的。在 19 世纪中叶以前，人开采到的黄金少得很——一共只有 230 吨左右；在最近 200 年里，人类手里所有的金仅仅增加了 250 亿～ 300 亿卢布，重量大约是 1.7 万吨。

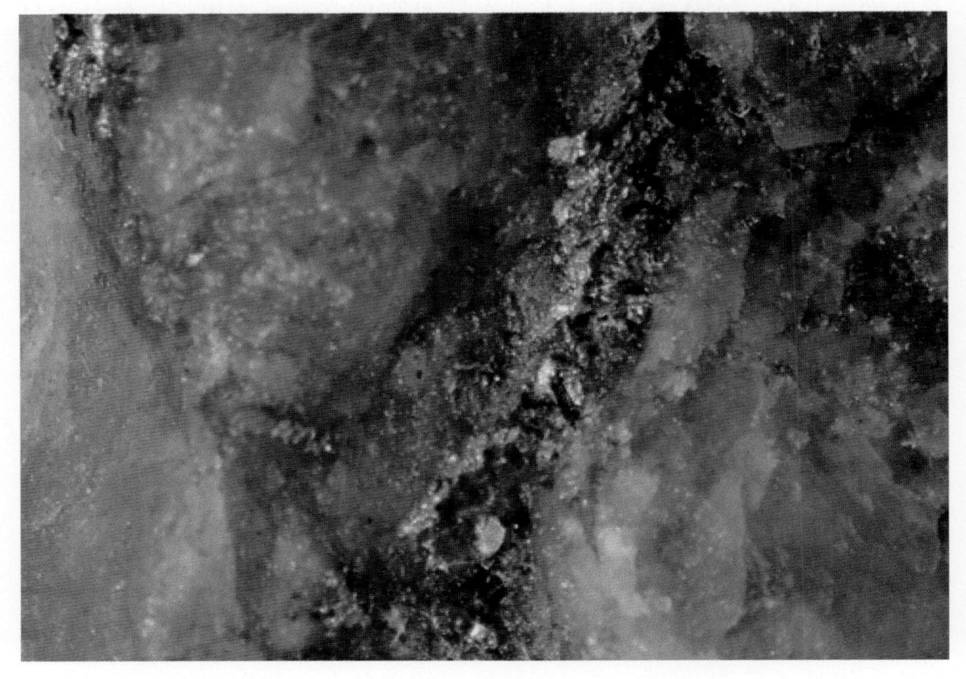

自然金，产自赞比亚

银行周转的金，在第一次世界大战以前只有 90 亿～ 100 亿卢布，至于金币、金条和黄金储备，加起来也不超过 200 亿卢布。我们不应该认为这些数字很大，因为 1914 ～ 1918 年的第一次世界大战却给我们一个完全不同的规模，那时候有些国家，例如沙俄的军事开支，就比上面说的数字大得多（在 550 亿卢布以上）。

寻找金和金的矿床的工作，目前正在越来越快地进行着，世界各地的采金工作人员不下 150 万，可是每年开采到的金还不到 1000 吨。自然界十分小心地收藏着它的宝物，决不把这种金属轻易转让给人。可是还应该知道，金这种金属——著名的博物学家布丰说得很正确——可以说是到处都有。金广泛分散在自然界里各种各样的地方。每一立方米的海水里有 1/100 毫克的金（金在海水里的总含量有 1 万吨之多，一共值 100 亿卢布）。在任何一块碎花岗石里都能找到金。地壳里金的平均含量是 0.000001%；在从地面到 1 千米的深处那层坚硬外壳里，它的总含量不少于 50 亿吨。

人在开采黄金的全部历史里所采到的金只有总含量的三十万分之一，人的这种活动是多么微不足道啊！自然界不但不给人足量的金，反而把人由于劳动而积累起来的金逐渐抢走。金具有非常大的分散能力。它会变成微粒，微小到直径只有光波那样长，就这样几千克几千克地以微尘的状态被河水冲走，或分散在熔炼金的实验室的地板、墙壁和家具里。它在银行交易中也在消失着，平均每年总要损失金币重量的 0.01% ～ 0.1%。

金可以轧成极薄的箔，金箔显绿色，厚度非常小，5 万张甚至 10 万张叠在一起才只有 1 毫米厚。著名的奥地利地质学家修斯，早在 19 世纪 70 年代就从金的这些非常出奇的性质和它喜欢分散的特性看到了逐渐成熟的金荒，并且指出作为世界经济基础的黄金流通问题必须审慎地加以解决。固然，我们并没有感到金的枯竭的现象在向我们逼近，所以修斯

澳大利亚卡尔古利的超级坑矿井，曾是澳大利亚最大的露天金矿，直到 2016 年被纽蒙特 · 博丁顿金矿所超越

的担心可能是过早了些，然而他的担心并不是没有道理的。金的开采的全部历史告诉我们，一批矿床枯竭了，就被另一批矿床所代替，开采的方法在逐渐改进着，到现在为止，人们用毫无计划的掠夺天然资源的办法，还能够补偿这些损失掉的黄金。例如，16 世纪初在中美洲发现的金矿床由巴西的金矿床（1719 年）代替了，后来又依次发现了加利福尼亚（1848 年）、澳大利亚南部（1853 年）、南非洲（维特瓦特尔斯兰，1885 年）和阿拉斯加（克朗戴克，1895年）[1]，以及最后的西伯利亚的勒拿河、阿尔丹河和科雷马河一带的金矿。

可是金在地球上不但会到处分散，而且也会起相反的作用：有时候

1. 原是俄国的领土，1867 年沙皇政府以 1500 万卢布卖给美国，美国在那里开采到的黄金，值 5 亿卢布。

金会聚成一大块，形成自然金。例如，1869 年在澳大利亚发现了一个大金块，重 100 千克。过了三年，那里又发现了一个更大的金块，约重 250 千克。

俄国产的自然金块却小得多，1837 年在乌拉尔南部发现的一块最著名的自然金只重 3 千克左右。常有这样的情况：在面积不大的一块地方积聚着相当多的贵重金属。例如在著名的克朗戴克，也就是美洲在北极圈里的那一部分，在小小 200 平方米的面积上发现的金就值 100 万卢布。

那么，俄国在全世界金的产量上占着怎样的地位呢？ 1745 年，德洛菲 · 马尔科夫（ДорофейМарков）在为圣三一修道院的圣像寻找水晶的

19 世纪美国西北金矿开采热时期，人们常用水力开采，用冲洗机冲洗金沙。水力采金法至今仍在使用，这张照片展示的就是现代的矿物冲洗机

时候，发现了乌拉尔的第一个可靠的金矿床。从那时候起，俄国的矿业就逐渐发展和发达起来。新的矿床陆续被发现。专门的矿业管理局成立后，也曾经发表过每年的和每十年的黄金开采数字。

但是，如果认为这些数字是俄国真正的金的开采量，那就错了。沙俄的官方统计，漏掉了很大的一部分金：有一些流入了中国，在那里被外国商人收买去，另一些被采金的工人夹带出来，直接卖给了私商和珠宝店。因此我们如果说，旧俄时代的全部黄金开采量不少于 4000 吨，应该不会有很大的错误。

列斯科夫、马明－西比利亚克和另外一些作家就当时的“黄金狂”作过许多出色的描述，那时候盲目的命运往往会使一部分人变成富翁，而使另一部分人破产，那时候乌拉尔或西伯利亚的每一个金矿都跟神话般的财富、自然金和闪亮的金巢等的传说连在一起，还有这么多说也说不完的有关犯罪、狂饮烂醉、空前的运气和难忘的痛苦等故事。

沙俄时代偶然发现了黄金的人，往往纵情狂饮，把酒瓶密密地排满他所在村子里的整条街道，如果是女的，就会一气之下买下三四条绸裙，一条套着一条穿在身上……

除了黄金以外，再也没有一种金属能够使人产生这样热烈的爱，燃起这样炽烈的希望，甘愿忍受最大的痛苦去寻求“金山”的了。

关于从前在西伯利亚探寻黄金的情况，地质学家雅切夫斯基（Л. А. Ячевский）曾经作过一段天才的描述：

冬天，苔原上盖满了一俄丈，甚至二俄丈厚的雪，幸福的寻求者由通古斯人、索依奥特人或鄂伦春人领着穿过丛林和枯树，在马和鹿尚且常常失踪的冰雪地上开路前进，夏天他们就陷在泥泞地里，饱受成群的蚊虫的折磨，疲倦不堪地挣扎着前进；他们常常走进根本没有人知道的、白种人从来没有践踏过的边远地方……

最原始的采金法——用盆冲洗金沙

丰富的黄金果然找到了。接着当然就要着手开采。成队的人带着工具和用品，翻过陡峭的山岭，跨过到处都是瀑布和浅滩的河流，在苔原上摆开了长长的队伍，为的是在西伯利亚短短的夏天尽可能从地底下多挖出这种贵重的金属。一小群人在金矿里聚集着，齐心协力地工作起来。斧头砍得响，古老的落叶松和雪松在铁的威力下倒下来了，山地里被一条条沟渠所截断的流得很急的小溪，开始放出自己的力量来转动水轮，永冻的土壤被抛到淘洗的设备上而散成碎块，从里面开始分离出来闪亮的黄金颗粒。

随着金矿的开采，荒凉僻静的、一向极难到达的苔原上就出现了开采金矿的人们的村落，而那里矿床的富源和规模如果有发展前途，那里很快就会形成一个完整的金矿中心。许多道路开始通到这个中心，道路两旁修筑了过冬的处所，也就是很特别的、造得非常简陋的驿站，于是那草创的、十分孤立的金矿中心就此跟居民点连接起来，阴沉荒凉的苔原也就不再是不可到达的了；以后人们便更加大胆地到这里来，使苔原越来越听从人的支配。这样，西伯利亚各水陆交通干线就向各方面分出了一条条通往各金矿区的支路，像触角那样远远地伸入苔原。成千上万的人顺着这些道路进入苔原，许多的大车队带着各种用品来到这里，同时一股股的金流却从苔原往外流走，使西伯利亚很快改变面貌……

随着新时代的到来，新的主人来到了苔原上。新的技术和新的劳动方式使采金业活跃了起来。采得的金比以前多了，而采金所用的时间却比以前短了。

现在那里已经不再是偏僻的边远地方了。到处都架起了电话线和输电线。许多采金工人的住所都安装了无线电，到处都亮起了电灯。自行车和轻巧而又跑得很快的汽车也变成了这里常见的交通工具。

在金沙产地上，常常要使用挖泥机来进行开采。挖泥机是安在平底船上靠蒸汽或电力来开动的一种庞大的机器。它能把金沙挖起来加以冲洗，洗出金来。苏联的金矿使用着蒸汽的和电动的挖泥机，挖掘的深度达到 25 米，一次可以挖出半个到一个半立方米的金沙。在十月革命以前，挖泥机到了冬天就要停止工作，而现在，往往有整排的挖泥机一年四季不间断地工作着，即使在隆冬的条件下也一样挖掘金沙。此外又建成了一些巨大的选矿厂和分离黄金的工厂。

6.7 重银

早在 17 世纪中叶，西班牙人在哥伦比亚淘洗金沙的时候，就发现了跟金一起有一种比重大而像银的深色金属。这种金属跟金差不多重，不可能用冲洗方法把它跟金分开。虽然它很像银，可是它几乎不能溶解，也极难使它熔化；当时认为它是贵重的金的偶然的、有害的杂质，要不然就是人们故意伪造的金。所以西班牙政府在 18 世纪初下令把这种有害的金属扔回河里去，而且要有人监视着把它扔掉。

这种奇怪的金属后来定名叫铂，1819 年在乌拉尔也发现了它。铂的奇异的性质不但引起了化学家的注意——想把它熔铸成三卢布、六卢布和十二卢布的硬币，而且变成了贵金属。许多水上工厂——挖泥机——都来开采它。

轮子、斗槽、轴辊和筛子发出了嘈杂的、嘎吱的响声，把铂的小颗粒——沉重的铂沙——从沙子里冲洗了出来。不要忘记，一吨铂沙有时候只含 1/10 克贵重的铂。

当时铂主要是供牙医师制造不会变质的销钉、牙套、镶补材料和假牙使用。人一死，这部分铂也就随着尸体进入坟墓，从此不能再为人类服务了。

铂有 2/3 被制成了精美的装饰品。剩下的 1/3 被制成了电工仪器和化学器皿，因为这样的器皿既经久又耐火，价值非常大。

跟铂一同被开采出来而且价值极大的，还有属于铂族的另外一些贵金属：锇，铑，钯，铱，钌；钌[1]是1845年在俄国被发现的，就是为了纪念俄国而命名的 。沙俄曾经独占过铂的市场。

1. 钌的拉丁名称是 ruthenium，俄罗斯的拉丁名字是 ruthenia。——译者注

自然铂的各种形态

沙俄开采的铂曾经充分供应世界市场10年左右，后来人们想从含铂的母岩里来提炼铂，也就是说，不从沙里淘洗，而从暗绿色纯橄榄岩里提炼它。这种岩石在乌拉尔成了整座整座的山，但是里面的铂的含量却只有千万分之几。

在第一次世界大战期间和十月革命开始的时候，乌拉尔的铂产量大大降低了，于是哥伦比亚和加拿大都起来跟乌拉尔竞争。

但在这个时候，南非洲发现了新的铂矿床，后来又接二连三地在其他地方发现了铂矿床。于是幸福的寻求者以及股份公司和银行又开始发狂似的忙起来。一批企业倒闭了，另一批企业兴起来；千百万英镑被集中起来，为了寻找和追求新的千百万英镑而把它抛出去。新发现的铂产地，在从好望角到赞比亚那条1500多千米长的地带上几乎到处都是。这一带的铂不在矿沙里，而是含在母岩里，有些像在乌拉尔那样，不过含量更高些。这一带所产的铂的成本比较高，是没法跟苏联用装备完善的机器从沙里采取的铂相比的。

南非洲的地质学家说非洲有一个很大的产铂地带，这个地带从南到北贯通着非洲，北端是早已发现了铂的尼罗河上游和埃塞俄比亚。这个地带里含铂的岩石有相当大的几段露在地面上，又顺着裂缝侵入了沉积岩。在这个地带的下方，有些地方还有大量的熔化物在沸腾着，里面有熔解了的铂、铬和镍。

含有多种金属的这类地带，地球上是很多的，有时候还长到好几千千米。例如在美洲，从加利福尼亚到巴西是银和铅的含量非常多的地带，中国的东南部有产锡、钨、汞和锑的地带，在苏联的西伯利亚和蒙古国有好几百千米长的“蒙古—鄂霍次克地带”，出产宝石、铋、锡、铅和锌。

在地球上所有这些巨大的矿产地带当中，只有乌拉尔和非洲才产铂——这种“折磨人的恶魔”，这是从乌拉尔矿沙里最初在开采的人们面前闪出这种贵重金属的银粒的亮光的那个时候，人们对铂的一种象征的叫法。

6.8 食盐和其他的盐

盐，我们在日常生活里都很熟悉。我们甚至习惯于把一种特殊的盐——食盐，氯化钠——简单地叫作盐。可是除了这种物质，还有其他好多种盐也是我们非常熟悉的。许多种盐都容易在水里溶解，我们常常把这些盐用作药剂，用作烈性的化学物质，或者用作毒药。许多种盐用在农业上，例如钾盐就是。还有不少的盐是化学工业的原料，这样的盐数量特别大，种类也特别多。

当然，并非所有这些盐都是地球本身的产物，都是能够直接从自然界里得到的东西，它们当中有相当多的一部分是把各种矿物送进化学工厂里加工而制得的。可是在所有的盐里面，最主要、最重要的是我们简称叫盐的那一种，它就是金属钠跟气体氯生成的化合物。

喜马拉雅岩盐，产自巴基斯坦

一个人每年要吃食盐 6 ～ 7 千克。为了供应食用和化学生产的需要，全世界每年开采的食盐有 1800 万吨，这个数量超过了 100 万节车皮或 2 万列火车的载重量。没有食盐，任何地方的居民都不能够生活，难怪不产食盐的地方要从别处运进盐来。非洲中部有些居民，从前有时候要用买金的价格去买食盐，就是愿意付出 1 千克的金沙作为购进 1 千克食盐的代价，也是这个道理。为了取盐，聪明的中国人曾经想出一种十分特别的方法：他们使泉水通过竹管流进大锅，再用天然的可燃气体来烧锅熬盐。国家越文明，盐的需求量越大。例如，在第一次世界大战以前，挪威人平均每人每年用盐 5 ～ 8 千克，而德国人和法国人，每人每年的平均用盐量却有 15 ～ 20 千克，在沙俄每人每年只用盐 7 千克。

当然你们知道，食盐的重要而且主要的来源是它在海洋里的储藏。它在地面上空、在地球表面上以及在地球内部漂泊流浪的历史就是从海洋开始的。在所有海洋的水里，食盐的总含量差不多是 2000 万立方千米，这个体积相当于长和宽各是 1000 千米而高为 20 千米的一个大扁形箱子的容积。

这么多的食盐可以把苏联的整个欧洲部分，盖上 4 ～ 5 千米厚的一层。

既然是这种情形，那就难怪会有纯净食盐的庞大矿藏从海洋里沉积出来了。西班牙的盐山，藏量的丰富多么值得惊奇，德国境内的大盐层竟然厚达 1000 米，还有克拉科夫地下的维利赤卡盐矿，里面竟有整座的地下食盐城市，市内的马路、大厅、教堂和食堂，都是从岩盐里凿出来的。所有这些盐矿的成因，我们也就可以理解了。

比起上面说的食盐储藏量来，苏联从顿巴斯著名的布良采夫盐坑里或从契卡洛夫附近伊列茨堡的盐层里开采出来的食盐，可就太少太少了！

不过，苏联的这些地方的食盐储藏量虽然“少”，但开采的规模还是相当大的，为了帮助读者认清这种规模，下面引证几段我在 1914 年参观伊列茨堡时的记述：

你走进一间建筑在矿井上面的小屋子，穿上一件工作服，然后打开手电筒，采矿工长就领你踏着舒适的木头梯子开始往下走。一路上有些地方有电灯照亮着。木墙很快就替换为灰色结晶的、致密的岩盐块。在地下 40 米的深处，你进入了旧的开采面的一条条宽阔的水平坑道。这里周围都是纯净而显浅灰色的岩盐，在电灯光下像星星那样闪着亮光；这种岩盐既坚硬又致密，所以根本用不着木头支柱。这里的地面上和拱形的顶棚上有水流过，使岩盐进行再结晶而形成好像长了绒毛的雪白的块状体。顶上的岩盐形成了细长的钟乳石，像冰柱似的垂下来，同时地面上的岩盐形成了石笋，迎着钟乳石向上生长……

但是岩盐的开采并不是在这些水平坑道里进行的。你走近坑道内部的一个巨大的洞口，就能看到一个非常宏大的场面：脚下是一个十分宽敞的大厅，深 70 米，宽 25 米，长 240 米。这样的大厅比城里 20 层的大楼矮不了多少，同时长度几乎等于 0.25 千米。只要这样一想你就能知道这个大厅的大小了。

这就是开采岩盐的地方。我们走到这个世界上数一数二的大厅的顶棚下面，原来大厅上方完全是用木头顶棚遮住的，因为即使有不大的一块岩盐钟乳石从这么高的高处掉下来，也会危及深坑里采盐工人的生命。

整个大厅用 8 盏 700 瓦的电灯照明，灯光亮得使人很不习惯，在一段很长的时间里使人失去了视觉，过了一会儿，我才看出下方有许多小车和人——整个像个蚂蚁窝。

波兰克拉科夫附近的维利赤卡盐矿表面和内部景象，威廉·洪迪斯（约 1598 ～ 1658）绘。维利赤卡盐矿从 13 世纪起就在开采，目前已基本停产。盐矿深 327 米，长超过 287 公里，共 9 层。内部有房间、礼拜堂等设施，还有地下湖泊，宛如一座地下城市。1978 年，维利赤卡盐矿被联合国教科文组织列为世界遗产（见后页图）

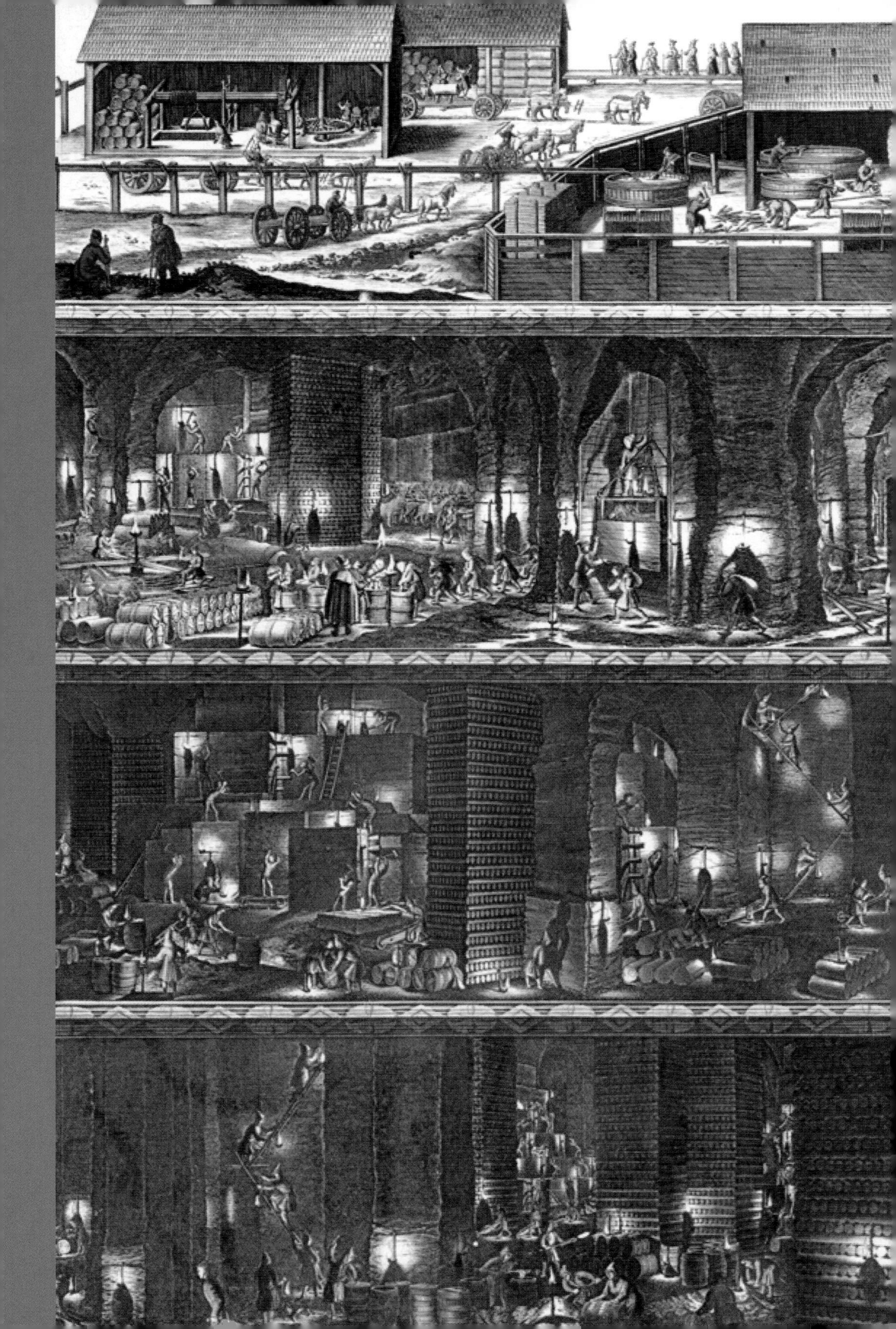

人们不仅从这些岩盐矿井开采他们需要的食盐。整个地球表面还分布着几万个盐湖，里面食盐的储藏量都是非常丰富的。在阿斯特拉罕草原，单单一个著名的巴斯昆恰克湖就占着 110 平方千米的面积。湖里食盐的含量将近 10 亿吨，即使按照人对食盐需要量的最高标准计算，这里的食盐也够全苏联人民使用 400 年。澳大利亚和阿根廷都有面积广大的盐土和盐湖，它们的总面积大到 1 万平方千米，相当于每边 100 千米的一个正方形，里面食盐的储藏量也是非常非常多的。

总体来说，在食盐方面，人类是没有什么可担心的，因为人类不会有盐荒的威胁；就食盐或其他的盐来说，苏联无疑是世界上储藏量最多的国家。

6.9 镭和镭矿石

一所好几层的大楼，里面有安静的实验室和研究室。我们顺着梯子往下走，被领进了地下室，后来又穿过地下走廊走进了一间不大的混凝土屋子，这间屋子就在院子底下，墙壁很厚。门锁打开了——在这间没有窗户的空屋子里立着一个不大的铁柜子。电灯灭了，铁柜子上有几扇小门开了，在黑暗里习惯了以后，我们就看见有几小条闪闪的亮光。我们的向导戴着戒指，这时候戒指上的宝石也开始发出强烈的亮光，随着他的手的转动，亮光突然一晃，而且离这些小条的东西越近，宝石发出的光越强。电灯亮了，向导从这些闪亮的小条里面拿了一条递到我们手里，原来这是一个普通的极小的玻璃管，里面装了些白色粉末。这些粉末只有 2 克——真正是一个小撮，可是这撮粉末的力量实在了不起：它不断地放出作用奇异的粒子射线，这种射线的一部分会在不知不觉中变成太阳里的一种奇异的气体——氦气。这一小撮粉末还会不断地发热，要到 2000 年之后发热的能力才会减弱到今天的一半。这种粉末真是奇怪，它发出的闪亮的射线具有非常快的速度：有些射线的速度等于光速，另一些射线是每秒 2 万千米。这种粉末能够发热好几千年，而且它所发的热很多，1 克镭在 1 小时内就可以把 25 立方厘米的水加热到沸腾状态。

这种粉末就是镭盐，用它可以治疗极难治好的癌症。镭有时候会把人烧伤，有时候会使人体组织免于死亡。

我们这些玻璃管里的镭盐，只需要一克的千分之几就可以治好不少人的病，可是对全世界来说，人们在最近 30 年里经过顽强的努力而得到的那 600 克镭盐当然是不够用的。这种粉末的作用尽管十分奇异，到底只有 600 克啊，或者拿体积来说，一共才 120 立方厘米啊！

然而上面所讲的镭的故事，是从末尾讲起的：因为镭在变成白色粉末以前已经有过相当长的一段历史，这段历史是在地底下开始的，后来才发生在工厂里和工业实验室里。

几乎没有一块土地里没有这种金属的极少量的痕迹。在任何岩石里，镭的含量都在 0.000000001% 左右，也就是相当于金或银的含量的万分之一。镭在整个地球表面上分散得十分厉害，含量仅为万亿分之一。然而不管地球里——说得确切些是深到 10 千米的地球外壳里——所含的镭是多么少，根据科学家的计算，加起来也有 100 万吨左右。镭的这个含量，当然无论跟金或银都比不过。但是不要忘记，目前镭的价格比较起来尽管还不算高——1 克重的一小撮镭才值 7 万金卢布，这个价格人们认为在今天是最低的，是非常便宜的，可是 100 万吨镭的价格已经大得惊人，如果要用数字来表示，大到要用 15 个以上的 0 才能写出来。

分散在地球里的镭，到不了人的手里，所以上面的计算只是一种逗人的计算。但是有时候，自然界会亲自来给人帮忙：使这种金属在自然界里的一些地方堆聚起来。不过堆聚的数量当然也有一定限度。在 100 克的岩石里永远不会发现比百分之几毫克更多的镭，因为科学理论告诉我们，它的含量不可能比这更多。而在实际上，镭在镭矿石里的含量还少得多。一车皮的镭矿石所含的上面说的那种白色的镭盐不是四五克，而是只要有一克，就算是好的了。所以人必须学会怎样从矿石里提取这种稀有的金属。

在非洲中部，在北美洲的加拿大伸入北极圈的那一部分，还有在荒凉的科罗拉多山地里，都有镭矿石的产地。

我们研究了各个国家好多处的镭矿床，同时又在苏联国内各地做了旅行。在这个过程中，有一次我们爬台阶和走坑洞感觉疲乏了，就蹲下来互相交换了一下对镭矿石的成因的意见。下面就是我们对远古时代地球面貌的看法。

第三纪开始到来了，在地质史上这是一个意义重大的时机，那时候，新的、年轻的阿尔卑斯山系沿着从前出现过山系的线路重新开始隆起褶皱，把旧的地层打乱和翻转过来，巨大的古地块翻到了年轻的地层上面，地壳就在这里断裂开来。这个山系伸展出去，又长又复杂，从大西洋的岸边起，经过西班牙、非洲北部、意大利和巴尔干，再经过克里木和高加索，一直延伸到帕米尔的各个地区和喜马拉雅褶皱山系。这种褶皱运动还从南向北移动，造成了突厥斯坦山地，使帕米尔高原升高到了 3500 米以上，然后才逐渐微弱下去，终于消失在北方的阿赖山麓。

第三纪过了一半以后，这种强大的地质作用逐渐减弱，但是这种作用到今天也还没有完全停止。在阿尔卑斯山系从东向西延伸的那条很长的线路上，地面在今天也还在发生褶曲和断层。塔什干观测站里灵敏的地震仪今天还在告诉我们，这一带地方并不平静，而最强烈的地震正好发生在突厥斯坦山脉和阿赖山脉这一带。在有地面断开的这些地方，今天也还有许许多多温泉和有治疗功能的泉水从地下涌上来。这里还在进行着复杂的化学变化，在古老的阿尔卑斯山系逐渐平静下来的漫长过程中，直到今天，化学变化还在深不可测的地下进行得很猛烈。镭盐溶液也就在这些变化的过程中涌到地面上来了……

也正是在这个时候，就像在克里木山峰或克拉依那和达尔马齐亚高原那样，地面开始在气候温和湿润可是不均衡的条件下，发生特殊的变化，生成所谓喀斯特的地形。雨水开始侵入石灰岩的缝隙，逐渐溶解缝隙的内壁，机械地在石灰岩的内部开路前进，使石灰岩的内部出现一些又长又复杂的通路。

至于石灰岩山脊里所发生的范围这么广大的过程是从什么时候开始的，那就很难说了。这种过程可能是在第三纪大海逐渐消失，海里的石灰岩隆起成为一个个岛屿的时候已经开始了，也可能开始得晚得多，是在河流侵入石灰岩的深处而形成河床的时候开始的，但是不管怎样，喀斯特地形的生成过程，看来即使在今天、在气候干燥得几乎跟沙漠一样的条件下，也还在进行着。

地下深处的热水带着它们奇妙地积聚起来的铀、钒、铜和钡，就正是渗入了这种喀斯特洞。而镭也就跟它们一起从深不可测的地下来到了这里……

6.10 磷灰石和霞石

磷灰石是什么，霞石又是什么？这两种矿物在不久以前还不是每一个青年矿物学家都知道的，也不是在每一套矿物标本里都能找到的。

磷灰石主要是磷酸和钙的化合物。这种矿物的外观各种各样而且非常奇怪。它有时候生成透明的小晶体，这种晶体的碎屑像绿柱石，甚至像石英，有时候生成跟普通的石灰石没有分别的致密的块体，有时候生成放射线状的球体，有时候又生成闪光的粉状岩石，像粗粒大理石那样。

霞石也不容易根据外观来辨认。这种石块不好看，显灰色，又很模糊，在野外就很难跟普通的灰色石英辨别开来。

这两种石头在 30 多年以前，有谁听说过呢？而现在，在苏联报纸上却常常看到它们的名字；“磷灰石”这个词几乎已经成了一个普通名词，苏联人民把它看作北极的金子。

霞石，产自俄罗斯

在苏联，所有化学工厂都在盼着磷灰石，而田地上——种植谷物、亚麻、甜菜和棉花的一望无边的田地上，更是非用磷灰石不可。

不久，苏联的每一块面包里就要含有多少亿个从希比内产的磷灰石来的磷原子，而铝制的羹匙……也将是用希比内产的霞石来制造了。

这里我们又说出了一个名词："希比内。"原来苏联的磷灰石和霞石，是跟希比内这个地方有密切关系的。

在这本书开头，我曾讲到圣彼得堡的青年怎样开始到北极圈里的希比内地块去工作，又曾叙述我们怎样在沼泽、丛林和苔原等偏僻地方初次发现了各种稀有的石头，其中也包括绿色的磷灰石在内。可是在今天，一切都改变了：希比内在 15 年里已经变成了一个新世界——北极圈里第一个兴起的工业世界。

我们今天只要在基洛夫斯克铁路干线上一个新修的枢纽站——阿帕基特站[1]——坐上华美的电动火车就可以直接开进这个城市。铁道旁边那条水势湍急的白河从前我们必须十分困难地渡过它，而现在，火车却可以沿着它，穿过森林直接开到武德亚乌尔湖，开到基洛夫斯克市，开到出现了技术、工业和农业的奇迹的地方。

下了火车，我们也没有顾得上看看周围的风景，就又改坐小汽车走上了一条路况很好的大道，朝着库基斯乌姆乔尔山里开采磷灰石和霞石的那些矿坑继续前进。坐在汽车里向左看出去，一直是巨大的乌尔基特支脉，这是一座大山，它的 3/4 是由近乎纯净的霞石构成的。接着我们看到了闪光的尤克斯波尔斜坡……

过了新的矿山城镇、邮政局、药房、汽车库和公共食堂，走了 25 千米以后，我们就开始顺着陡峭的山路往上走。一路上有许多卡车飞驰过去，下方有火车呜呜开过，有些地方还传来了爆炸崩塌的声音。

1. 阿帕基特的意思就是磷灰石，照意思译这个站可以叫磷灰石站。——译者注我们的汽车向上疾驰，很快就开进了磷灰石地带，又过了三分钟我们就到了世界上一个最奇特的工作面：在这里，有发出绿色闪光的磷灰石跟灰色的霞石共同形成了一座高约百米的致密的峭壁。

希比内苔原的这个奇妙的地带长达 25 千米，围绕着这个苔原。这里的磷灰石埋藏在地面下非常深之处，甚至比海平面还要低的地方，世界上任何其他地方的矿石都没有埋藏得这样深的。

发出闪光的磷灰石先用小车运到两个斜坡，再从这里用钢索向下运到萨米河（拉普兰河）的河谷里，去装火车。

一部分磷灰石上了火车就直接运往苏联各工厂，还有一部分运到摩尔曼斯克装船出口。

可是大多数火车都开出得不远——只开到基洛夫斯克的一个工厂。这是世界上最大的一个选矿厂，它每年要从岩石里选出不少纯净的磷灰石。

在选矿厂里，碾碎了的岩石要放在大桶里进行浮选，结果绿色的磷灰石就带着泡沫漂在上面，灰色的霞石沉淀就沉在桶底。纯净的磷灰石这种“精矿”选出以后还要经过干燥。干燥了的磷灰石可以放在巨大的电炉里来制成纯净的磷和磷酸，但是现在是把它运往维尼察、敖德萨和康斯坦丁诺夫卡这些地方的磷酸盐工厂去制造最好的肥料。

我们希望苏联的田地和草地每年能够得到几百万吨用磷灰石制成的这种粉末状肥料，希望所有糖用甜菜和棉花的垄上都能撒上这种肥料，这样，作物的产量就会加倍，糖用甜菜会长得非常大，雪白的棉桃会结得非常多，籽粒会生长得非常饱满！磷灰石是使田地变得肥沃的石头，是生命的石头，是集体农庄的财富，是有关苏联前途的石头。

可是我们现在要做一道非常有益的简单的算题：将来苏联人民每人每天要从希比内产的磷灰石里吃下多少磷去？

如果给苏联境内所有种植谷物的田地进行正常的施肥，那么，这些

希比内地区的磷灰石矿

田地每年需要的磷肥就是 800 万吨左右，其中磷的含量大约是 8%，而进入谷物籽粒的磷却只有这 8% 的十分之一。

算一下就能知道，每个苏联人民将来每吃下去 1 千克粮食，就会吃下希比内产的 5 克磷灰石所含的磷（因为还有少数的磷是苏联别的磷酸盐产地供给的），他每吃一口面包，就差不多要吞下 5000000000000000000 个从北极圈里库基斯乌姆乔尔矿山经过遥远而又

复杂的道路而来的磷原子。

固然，苏联现在还没有施用这么多的用磷灰石制得的肥料，因为苏联还没有足够的工厂和磷酸盐工厂来加工磷灰石，然而我们还是可以采取一个最低限度的可能的数字，就是把上面的那个数字最前面的 50 改作 1，这样，每个苏联人民每吃一小块面包，还是会吞下百亿亿个来自希比内的磷原子！

说真的，每一块面包、每一块亚麻织物、每一件棉布衬衣都含有从磷灰石来的微粒，甚至我们吃的糖也是依靠希比内的磷灰石而存在的！

可是我们还不仅仅把磷灰石撒在田地里。我们还要把它溶解在池塘里，来加速鱼的生长；还把它变成十分贵重的药剂，使衰弱的人在工作以后服用了它可以祛除疲劳。我们还能把它制成防锈的物质，用来涂在飞机的钢制的翼面上。

在冶炼青铜和铸铁的时候，将来还能利用磷灰石来改善品质。一句话，我们苏联要在好几十种生产上自豪地使用这种国产的磷灰石。

但是，要使磷灰石能够有这样多的用途，还必须设法去掉跟它混杂在一起的霞石，从而得到十分纯净的精矿。

那么这种磷灰石的伙伴，对使用磷灰石有妨害的霞石，又有什么用处呢？苏联的地球化学家和工艺家已经研究清楚了霞石的性质，知道霞石可以用在非常多种多样的工业部门里，譬如制革工业中可以用它制造优良的鞣料，陶瓷工业中可以用它代替贵重的长石，纺织工业中可以用它使织品具有耐水的性质，而它的最主要、最重要的用途还是提炼金属铝。

人正在创造磷灰石和霞石的历史。

以前谁都不知道的这两种石头，现在已经成了苏联最有名的矿产了。地球化学家、工艺家、矿物学家和经济工作人员已经把这两种石头变成苏联工业和文化上最大的财富了。

6.11 黑煤、白煤、蓝煤、红煤

我们在生活里只熟悉黑煤，因为我们的家用炉子里、工厂的锅炉房里、冶炼金属的炉子和鼓风炉里、铁路机车的燃烧室里所燃烧的都是它。

黑煤是能量的巨大源泉，所以整个工业以至整个经济部门主要都是依靠这种“黑色金刚石”——苏联人民有时候这样正确地称呼普通的黑煤。一个国家是不是富足，常常看它的煤和铁是不是富足。在产煤多的地区兴起了工业中心；世界各个角落的矿石和原料都往那里运。煤是国家生活的神经中枢，是国家在各方面发展的保证。谁没有听说过苏联的顿巴斯和库兹巴斯呢？这两个地方不但是苏联主要的锅炉房，而且是苏联黑色冶金业的中心啊。

但是，在利用煤的道路上也有不小的“但是”：技术发展得很快，人类面前出现了许多新的要求，而为了满足这些要求，人类就不得不解决越来越多的新问题。因此，现代的人也跟几千年以前的古人一样在寻找能源。

但是古代的人不会利用自然力，他们征服了人类自己，把人变成了奴隶：10 个奴隶相当于 1 匹马力。

从那时候起，人类走过了漫长的历程：人制造了相当于 30 万～ 40 万人力的机器，建立了巨大的输电装置，拿俄国著名物理学家乌莫夫（Умов）的话来说，人仿佛是在“顺着几千俄里长的金属线，一刹那就把千百万奴隶连同他们的劳动所需要的全部食物都运送了出去”。

现在人所用的自然界的能量，总数相当于 30 亿人力（大约是 3 亿马力），可是人还得寻找更多的能源。

那么，我们在地球上从哪里能够得到能源呢？

我们可以把各种能源列成一张表：

1.“活煤”——人、马和其他动物的体力。
2. 黑煤——天然的碳，有无烟煤、烟煤、褐煤和炭质页岩等。
3. 液煤——石油和地沥青。
4. 挥发煤——从地下喷出的可燃气流（烃）。
5. 灰煤——沼泽里和湖泊边上的泥炭。
6. 绿煤——木柴和秸秆。
7. 白煤——往下落的水力。
8. 蓝煤——风力。
9. 青煤——海水的潮汐。
10. 红煤——太阳能。

第一种动力，现代的人使用得越来越少了，第三种和第四种的一部分，他们要保留下来进行化学生产，第六种，他们正在节省使用，为的是把木材合理地用在各种经济部门上，至于第八、第九和第十种，人还不善于支配。人只是仗着第二、第五和第七种动力来建立经济事业，他还只能把那分散在非常辽阔的地区的泥炭收集了来，又把瀑布的水利用了来支援煤。

在全部的人类历史上，已经烧掉和消灭掉的煤大约有 500 亿吨；现代人每年开采的煤达 10 多亿吨，也就是不下于 100 万列火车的运载量。可是煤的开采量每 100 年至少要增加到原来的 50 倍，于是人们不禁要问：现在煤的全部地下储藏量还够几年开采呢？地质学家算过，现在地下储藏的煤一共是 5000 亿吨左右，这就是说，黑煤最多还够开采 75 年。由此可见，人类未来的动力，单靠黑煤是不行的。

这样，就必须另外寻找能源。白煤——急速下落的河水和瀑布所产生的水力，这是首先引起我们注意的能源。这种动力的总数超过 7 亿马力，可是现在被人利用的只有 5%。怪不得现代的人在建设巨大的水电

俄罗斯陶里亚蒂的日古利水电站的泄洪场景

站，在拦截河流，把水沫飞溅的瀑布引到水轮机里去，一年比一年多地支配这种往下落的水力。

但是白煤这种能源也不是取之不尽、用之不竭的。落水的能力对人类提供的能量是 70 亿人力，到了没有煤和没有石油的时候，它对人类的帮助一定极大，然而它毕竟也有限度，而人的要求的增长却几乎是没有限度的。科拉半岛、卡累利阿、高加索、中亚、阿尔泰——这些地方的白煤也得利用起来！

现在人们正在注意蓝煤——风力。早在古代，人们就学会了利用风力来转动风车，推动湖里和海里的帆船。在这方面，人类的技术思想还有广大的活动领域，因为现在人对于调皮而不稳定，可又非常巨大的风力还不一定总能制服得了。一望无际的哈萨克斯坦草原和西伯利亚西部草原，就是将来利用蓝煤的地方！

人还在注意青煤，也就是一望无边的青色海洋上所产生的能量。这里每天二次涨潮的时候总有巨大的浪涛打到岸上，这就说明潮水也是一种天然动力源泉，不过这种新的能源目前还没有被人征服。我们对于波罗的海、白海和黑海涨潮时的浪涛所产生的这种动力还估计不足，对于海洋岸边——摩尔曼斯克边区地带或太平洋沿岸的那些大海湾——的这种出奇的动力还没有给予正确的估价！

那么，全世界储藏的能量究竟有多少呢？对这个问题，俄罗斯物理学家乌莫夫的一次精彩的演说里已经作了答复：

必须寻找新的能源。凡是可以从生物世界得到的能，以及可以从水力、火力和风力产生的能，都是由地球的自然作用所捕捉和储藏起来的太阳能，可是现在已经可以看出这几种能在我们这个行星上有些已经快要用完了，有些也已呈现缺乏的现象。

剩下的出路只有一条：必须进入一个更高的阶段——不再到地球的储藏库里去找能量，而到宇宙太空的宝库里去找它。如果我们在物理科学上不能找到有希望的答案，这个推论就等于把我们的文化扼杀或者判处死刑。

人已经使自己的眼光变得比鸟的眼光还锐利，因而能够看透无限遥远的太空；人的思想可以一下子飞过海洋，比鹰飞得还快；拿肌肉的发达和奔跑的速度来说，地球上生存过的任何一种野兽也比不过人。那么人还需要什么呢？

人把动物远远甩在后面以后，现在正想从植物那里学得一种本领——用自己制造的仪器来直接捕捉太阳能。

经过一个地日距离，垂直落在每一平方米地球表面上的太阳光线所带的能量，相当于2.6马力。这些能量有一部分被大气吸收掉，主要是被水蒸气、二氧化碳、云和尘埃等吸收掉。在纬度45°附近，到达每一平方米的地表面的能量大约是1马力。把所有这些因素都考虑在内，包括地理位置、阳光照射时间的长短等，可以计算出来，单在撒哈拉沙漠一处，全年落在上面的能量就等于现代全人类需要的全部能量的1万倍。

人类的将来要靠红煤，要靠捕捉太阳能；要靠善于利用那能够代替煤、泥炭、石油、水力的光，那时候，人类耗尽了天然富源，用尽了地下富源，全部控制了往下落的水和吹来的风，就只有把太阳能引到工厂里来代替那黑色的金刚石了。而我们的眼光那时候也就又要转向中亚，因为那里无论春夏秋冬，都能受到明媚而又温暖的阳光的充分照射。太阳，正是太阳，将来会开动机器、汽车和火车，会把屋子烘暖，把锅炉烧热，太阳正是我们的“新”能源！

但是，现在我们又前进了一步，看到将来的主要能源应该是原子内部所蕴藏的能了；原子能比煤里所含的能大数百万倍，1千克的铀发出的能量就等于几列火车所装运的优质煤所发出的能量！人类未来的希望就寄托在这里！

6.12 黑色的金子

液态的黑色的金子，也就是石油，是地球上了不起的矿物之一。说它是液态的，是因为它确实会流动，尽管它所含的很轻的汽油和其他的气体会挥发，有时候又凝固出致密的石蜡块或重油块。说石油这种矿物是黑色的，是因为它从地下开出来的时候是具有芳香气味的黑色物质。它一定要在专门的工厂里经过复杂的提纯和分馏，才能变成十分纯净、透明而又完全无色的各种液体。这些液体在太阳下面的反射光具有特殊的绿的或紫的色调。说石油是金子，因为它是一种巨大的天然富源，欧美的国家为了这种富源一直在互相争闹，进行流血的战争，用武力侵占生产石油的地区。

现在苏联不但能够自己生产汽油、煤油和重油来充分供应本国的需要，而且每年还能够用 400 艘轮船装载 2000 万吨以上的这种产品从高加索输出国外。

装在玻璃瓶和小烧杯中的原油

俄罗斯的石油钻井平台

怪不得到处都在极力寻找石油，石油的钻井深到 4 千米以上。每发现一处石油产地都会引起人们的注意：乌拉尔中部或者乌拉尔南部的斯捷尔利塔马克附近（叫作“第二巴库”）发现了石油，这就使乌拉尔有自己足够的液体燃料；土库曼的涅夫捷达格的绝好的石油喷泉，每天能猛烈地喷出几千吨石油。

可是石油是什么呢？它是从哪里来的呢？不用隐瞒，回答这个问题并不容易，科学家直到现在也还在争论石油成因的问题而没有得到一致的看法。在从前，特别是在俄国著名的化学家门捷列夫的影响下，我们曾经认为石油是在地下非常深的地方由于过热的水蒸气对某些碳的化合物作用而形成的，它就是从那里涌到地面上来的。可是现在知道，生成石油的地方离地面并不远，生成石油的物质是植物的残体，尤其是藻类的残体。的确，在苏联广大的领土上，特别是在诺夫哥罗德州和加里宁州的湖泊里，湖底积聚着一些特殊的物质——腐泥，也就是死掉的动植物跟淤泥共同形成的黑色粥状物质。如果这种粥状物质埋在沙子和黏土下面，并且陷入地下深处，由下方受到热的作用，那它就会变成极像石油的物质。现在，苏联南方中亚的太阳正在引起这样的作用，巴尔喀什湖的浪涛常常把带有黏性的黑色物质打到岸上来，这种物质非常像橡胶，又像某几种石油凝固的生成物，这就是著名的巴尔喀什腐泥煤，是由岸边腐烂的芦苇生成的。

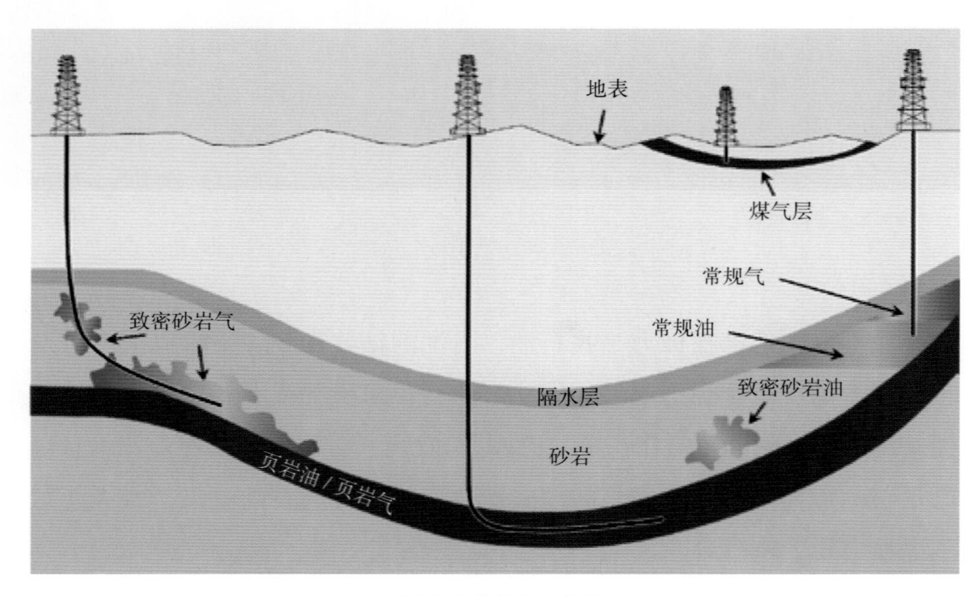

石油和天然气井示意图

我们现在甚至已经知道生成石油的必要的地质条件。最大的石油矿床总是沿着大山脉，譬如高加索山脉，并不是没有原因的。这里在有山脉环绕着的低地上，正好和泥泞的湖泊或浅水的海湾一样，具备着积累沉积物以及使沉积物由下方受热的有利条件。这里的石油通常总跟盐和石膏的矿层在一起，而跟石油一起流出的水又含碘和溴——这些物质就说明了海生植物在石油生成中所起的作用。

美国地质学家曾经提到美国产的石油所具有的一些有趣的性质。他们曾经特别小心地从地下 700 ～ 800 米深的地方开采石油；但他们在这么深的地方所采到的石油里却发现了细菌。很难设想这种细菌是从地面上渗到地下去的；这种细菌多半是某些生物的后代，而那些生物早在变成石油的那些植物还在生长的时候就已经存在了。新的研究工作将来可能会证实这样的假设。

可见石油是在地底下由古代的生物残体变成的，现在我们正在加强寻找石油的工作，把它从地下深处汲取出来。

石油到了地球表面上，人就把它放在炉子里烧掉，或利用它来给住所照明，或把它进行分馏，或把它变成价值更大的其他物质。地球内部储藏的所有石油，大概还够人类使用 150 年，那么以后怎么办呢？

将来我们会用劣质的煤来制造人造石油，我们的化学家将来会把煤、油页岩和泥炭变成汽油和煤油。

6.13 稀土族元素

近年来，自然界里十分稀罕的奇异物质已经开始变成工业上的常用品了。像钛、钽、铯、钼、铪和锆这些金属和过渡元素，从前任何人一点都没有听说过，甚至化学家和矿物学家也几乎一点都不知道，而现在却都意外地有了用处。在这些十分稀少的化学元素里面，有许多种现在已经在加紧制取了，而它们的用途有时候也是完全想不到的。大约在 20 年前，发现了一种新的元素——铪。哥本哈根的一个实验室里好容易才制了几克，但它的用途却很快就被找到了。人们发现如果向用来制造电灯泡的灯丝的合金中加入极少量的铪，灯丝的寿命就可以延长好几倍。因此铪就成了时髦的金属；1 克铪盐的价格高达 1000 卢布。

另外几种金属也很快找到了用途：锆用来制造搪瓷的釉，锂用来制造干电池，钽用来制造电灯泡的灯丝，钛用来制造耐久的白色颜料，铍用来制造轻的合金。具有同样命运的还有一族奇异的化学元素——叫作稀土族元素，其中主要的是铈、镧和钺[1]，还有重元素钍。

多年前，天才的维也纳化学家奥尔获得了一个有趣的发现：他把一小块钍盐和几种稀土族元素的盐放进了普通的煤气灯火焰处，结果这些盐灼热起来，煤气灯就变得异常明亮。他决定把这个发现用在照明方面，因为当时电起的作用还不大，城市都在用煤气来照明。可是这位化学家的想法并没有得到大家的同意，他的理想被认为是幻想：因为这些盐十分少见，所以给这些盐寻找的实际用途，在当时看来也是空想。但奥尔决定去寻找这种所需要的、天然产的物质，不久，他就在巴西的大西洋沿岸发现了蕴藏丰富的一种金黄色矿物的矿沙，这种矿物叫独居

1. 实际上是两种元素，一种叫钕，一种叫镨，1841 年莫桑德从氧化镧里提出的一种粉红色的新氧化物，他相信里面含有新元素，命名叫作钺。1885 年奥爱尔又从中分离得钕和镨。——译者注

石，里面含有几种稀土族元素和钍。

潮退以后，很容易在潮湿的海岸上收集到金黄色的独居石颗粒。远洋轮船就开始成千吨成千吨地把这种珍贵的货物运往汉堡。

维也纳的大工厂就用细软的纤维织成纱罩，又从海外运来的独居石里提出钍盐和稀土族元素的盐来制成溶液，把纱罩浸在这样的溶液里。接着又把浸过的纱罩取出来让它干燥，就得到一种精致的煤气灯罩。煤气照明装置在被发明以后 20 年才得到这种改进：煤气灯口上的火焰本来是颤动着，不安定的，又显黄色，改进以后就安定了下来，并且发出强烈的白光。全世界各工厂每年制造的煤气灯罩超过了 3 亿只，假如后来不是电灯多了起来，煤气灯罩的产量还会增加。可是在制造煤气灯罩的时候，主要是使用钍，稀土族元素得到使用的也只有几种，至于其他稀土族元素的盐，尤其是铈盐，仿佛都成了生产中的废物，大量地堆在工厂的院子里没有用处。所以还必须给铈盐寻找用途。铈盐的用途固然是过了 25 年才找到，然而给铈盐安排的用途却是料想不到的合适：用稀土族元素和铁制成的合金在同钢撞碰的时候，很容易发出温度达到

独居石，产自马达加斯加瓦卡南卡拉特拉

150℃～200℃的炽热的火花，因而很容易使汽油、棉花和麻屑着火燃烧。于是就根据这个道理开始制造使用这种“燧石”的打火机，而这种打火机也很快就得到了广泛的使用；可是尽管这样，煤气灯罩生产中的废物所含的各种稀土族元素，还不是每一种都真正找到了用途。直到最近才知道，稀土族中有几种金属，如果加到玻璃和水晶里，就会使玻璃和水晶显出鲜艳的颜色，如金黄色、黄色、红色或紫色。于是人们开始用这样的玻璃来制造器皿、茶杯和花瓶。其中红色的玻璃特别有价值，因为透过这种玻璃的光线有透过浓雾的本领，所以路上的交通信号灯就渐渐用它来制造了。这样，玻璃工业也就兴起了许多新的部门。许多种物质所经历的命运都是这样的！

最初几批智利硝石用船运到欧洲的时候，因为没有人买而不得不扔到海里去，而现在，硝酸盐却是很宝贵的肥料。含磷的铁矿石，长期以来都被认为不适用，后来英国冶金学家托马斯才想出了一种冶炼这种矿石的方法，它能使炼出的钢和铁具有优良的性质，而磷都聚集在熔炉的内壁上。

现在，世界各地的科学实验室都在研究怎样利用各种矿物，由于无数次分析和实验的结果，常常产生了新的思想，出人意料地发现了新的道路，导致了新的成就。

6.14 黄铁矿

黄铁矿是地壳里分布较广的矿物之一。我们无论在平原上还是山地里都可以找到它；它的晶体闪亮，显金黄色，几乎在每套矿物标本里都能看到。它的学名在希腊文里的原意是“火”，这也许是因为它在阳光下显出金黄色的闪光星，也许是因为它的石块受到钢的敲打就冒出明亮的火花吧。

跟石英和方解石一样，黄铁矿也是一种到处都有的矿物。可是特别有趣的是，黄铁矿生成的条件非常多种多样。有时候在普通腐烂的粪堆里就能生成小小的黄铁矿块。有一个矿物学家有一次在这样的粪堆里挖掘鼠的尸体时，就曾发现鼠尸的表面上都有微小的闪亮的黄铁矿晶体。

在莫斯科河的沿岸上，在侏罗纪形成的黑色黏土里，还有在圣彼得堡附近各处的河岸上，都有这种矿物小晶体在闪亮着。在博罗维奇市附近和图拉州，工人常常能从黑色的煤里拣出黄铁矿的碎块和晶体来。在

黄铁矿，产自秘鲁

高加索的格鲁吉亚军用大道上，常有孩子们在暗色的页岩块里拣出金黄色的小块黄铁矿。在乌拉尔的矿井里，在从前熔化过的岩脉里，都有跟金一同闪亮的黄铁矿。黄铁矿在苏联真是到处都有！

在黄铁矿的成分还是秘密的时候，人们往往把它当作金，或者当作铜矿石，因而把它隐藏起来不叫人家发现它。

黄铁矿在人类历史上有很大的意义，因为它含硫 50%。人们在世界各处寻找黄铁矿的巨大矿床。许多地方都有黄铁矿——在西班牙、挪威、乌拉尔和日本，它的已知的总埋藏量多达 10 亿吨，然而我们还是感觉黄铁矿不够多。这是怎么回事呢？

用黄铁矿可以制造硫酸，而硫酸是制造肥料和炸药的很重要的原料之一。一个国家如果不能自己制造硫酸，就会处在十分困难的地位，因为许多工业部门都需要用硫酸。

在过去一段很长的时期里，人们只会用纯净的天然硫来制造硫酸。盛产硫的地方在意大利南部，著名的西西里岛，这里黄色的硫的埋藏量非常丰富。所以其他许多国家都要去向意大利讨好，而如果什么都得不到，有时候就派军舰到意大利沿岸去巡逻示威。

这种情况延续了好多年。但是在 1828 年有了一个小小的发明：原来制造硫酸也可以用其他的原料，譬如也可以用黄铁矿。黄铁矿在自然界里常能遇到，用它来制造硫酸很合算。于是人们开始寻找起黄铁矿来。最后，在 1856 年，终于在西班牙西部和葡萄牙发现了一些黄铁矿的巨大矿床。这些地方的黄铁矿埋藏量非常丰富，在开采和运输上也都非常方便。这样，天然硫才遇到了有力的竞争者。黄铁矿开始在硫酸工业上占优势，因此那些年里，葡萄牙成了引起全世界关注的地方。

硫跟黄铁矿之间的斗争开始了。可是后来美国发明了从地下采硫的一种廉价的方法。硫在美国北部蕴藏在地下深达二三百米的地方。这里的硫的开采法，是向地下深处涌入热的水蒸气。水蒸气在地下使硫熔化，后来液态的硫就流出到地面上来。这种方法既方便又省钱，就跟旧法激烈竞争起来，使得西西里岛的许多工人和农民都破了产。黄铁矿被排挤掉了，硫重新获得了胜利，黄铁矿又没有人要了。

但是这方面的斗争并没有结束：人们开始用机械化的方法开采地下的黄铁矿。为了进行这样的开采，他们投入了巨额的资本，因而西班牙产的黄铁矿又成了廉价的原料。于是黄铁矿又开始占上风。工厂设备又重新改装……但是，石膏在自然界里出产得很多，里面硫的含量也大，为什么放着石膏不用而要用黄铁矿或硫呢？硫酸是能够很简单地用石膏来制造的。因此，石膏将来很可能既代替硫，又代替黄铁矿。

你们看，作为农业和国防工业的基础的硫酸生产，跟技术上的成就有多么密切的关系。技术上的成就哪怕很小，也可以改变先前的一切关系，可以贬低天然富源的价值，还可以使本来不需要的、没有用处的天然物质资源为人类服务！

以上就是天然富源之一黄铁矿的特殊的命运。这段叙述使我们懂得了什么呢？我想读者对于这一点，已经做出了结论：自然界里的矿物无所谓有用的和无用的，需要的和不需要的。技术的成就越大，科学家把各种自然奥秘钻研得越深，人们利用自然的方法就越多、越全面。

第7章
给矿物爱好者

7.1 怎样收集矿物

在收集矿物方面成为内行，并不是一件容易的事情，而是需要十分用心的。只有很懂得矿物学而又善于对自然界留意的人，才会合理地收集矿物。采集植物的话，即使不太懂得植物学，也会辨别主要的各种植物，也会从同一种的无数相同的植株里选出好的植株来制成标本。地质学家或岩石学家如果要进行收集，例如收集岩石，也只需从大堆的石块里选择典型的石块（可是这也不一定总是容易的），再按照自己的意思来修整石块的形状。

收集矿物的情况就不是这样。矿物有时候是些极其微小的颗粒，有时候又形成大块的堆集。同是一种矿物，一块跟另一块就不一样，而且

矿物标本。上排左起：黄铜矿、方铅矿，下排左起：玉髓晶洞、方纳石，右下：锂云母

两块的区别可能非常大，甚至有经验的矿物学家都会感到不好办。例如，在石膏层里你就可能在同一个地方遇到非常多的石膏变种：有些是像糖的晶体那样的小颗粒——雪花石膏，有些是纤维状的，有些是单个透明的晶体，有些又形成致密的块状，而且显出不同的颜色——白的、黄的、灰的和粉红的。同是一种石膏，而样式却非常多，在同一个地方可能收集到好几百块，所有这些石膏块又都彼此很不相像。这就是矿物学家的野外工作任务非常复杂的原因。矿物学家要把收集工作做好，做得熟练，就一定要熟悉现代矿物学的原理和任务。这些原理，无论是做收集工作还是做研究工作的矿物学家都必须知道。

矿物的收集工作各有各的性质，这要看收集的目的是什么。有的时候，矿物的收集者和爱好者只收集少数几种又好又漂亮的矿块，这些矿块都是表面结晶得很好的矿物或单个的晶体。有的时候，直接参加生产的青年矿物学家只收集有用矿物、矿石、盐类或工厂使用的原料。为了科学目的而进行的矿物收集工作就完全是另一种性质，这里的矿物学家的任务是收集尽可能充分而又可靠的实例来证明地球的某个地带的矿物生成过程。在这种情况下，矿物收集者必须收集又漂亮又好的矿块，必须得到足够的材料来进行化学研究，必须收集标本来表明不同矿物的共同产出和它们的互相转变的现象。这样的矿物收集者所面临的，是一系列非常困难而且往往很费时间的任务。把普通的收集跟观察或者跟研究分开是非常困难的，而且这样来划分也不适宜，因此，有意识地收集矿物必然会成为科学研究的开端。当然，收集漂亮的晶体，一般总是非常引人入胜的，所以寻找好看的石块常常会成为一种特殊的活动，这种活动很有趣，又须具有很强的注意力、观察力和持久力。复杂得多而人们又不太喜欢做的是，收集地表面上那些不好看的、往往是淤泥质或土状的矿物。石块的爱好者通常总是把这样的矿物放过，而不愿意把它们收在自己的收集品里，但是真正的矿物学家——地壳的化学家，对于这样的矿物一定要特别注意。

矿山罗盘仪

矿物放大镜

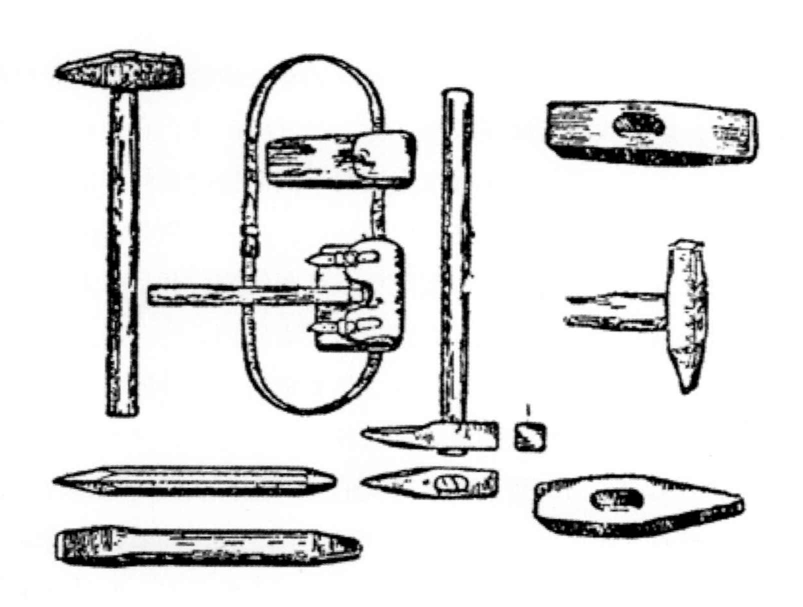

收集矿物用的一套工具

矿物学家进行野外工作的各种必要的工具一定要应有尽有，他的工作才会获得成效。有的时候，岩石块非常不容易敲碎，或者非常不容易从它里面敲出一块块矿物来，因此，适用的好的小锤子是每个矿物学家都需要的。除了小锤子，在收集石块的时候还要有一套各式各样的凿子。使用合适的凿子，有时候非常便于工作，既能够节省时间，又能够从岩石或悬岩里把任何有价值的小晶体或标本取出来。

放大镜也是矿物学家的必要工具。有了放大到 8 ～ 10 倍的放大镜，就能把组成岩石的微小矿物看得比较清楚，就能看出小晶体的形状，这样就可以大大减轻矿物的初步鉴定工作。

其他的装备品是：小笔记本和铅笔；普通的罗盘仪（最好是矿山罗盘仪）；坚固的小刀；卷尺或漆布的米尺或可以折叠的米尺；裁好了、捆成小捆而又标好了号码的标签，尺寸不能小于 6 厘米 ×4 厘米；大量的包装用纸（也可以是报纸）；一些软纸和小玻璃瓶，用来装最贵重、最娇嫩的水晶和散粒的矿物等；不同尺寸的小盒子和一些普通的棉花。一般散碎的小粒矿物要用帆布做的小口袋来装，这些口袋要准备成一套，每个口袋都要标上号码，这是非常重要的。这样的口袋还可以装一个个的小晶体，但要先用纸把这些晶体分开包好，也就是要一张纸包一个晶体；在同一个地方取到的小样品，以及从同一个矿块上敲下的小样品等，也可以装在这样的口袋里。

为了进行重要的研究，还需要一个轻巧的照相机、一个气压计和一套预备画地质图的彩色铅笔。样品必须仔细包装，而且要一个样品包成一个纸包，这是做好矿物收集工作的异常必要的条件。样品不管多小，也无论如何不应该几个包在同一个纸包里，而一定要一个个地分开包。由于包装不小心而损坏了收集到的很好的材料，譬如损坏了方解石或萤石，这种情形已经发生过许多许多次了！还必须极力劝告一切勘探工作人员：每一个样品都要用两三张纸来包，但是无论如何不要把这些纸先叠在一起然后包，而必须一张一张地包。每一个样品都要贴上叠成两重的标签，但是不要直接贴在矿块上，而要包了一层纸再贴。脆的和娇嫩的细枝状晶体，不应该直接包在棉花里，最好是先用薄纸包好，然后再裹上几层棉花、麻絮和很细的刨花。

所有用品和材料都应该装在一个好的袋子里，而且最好是可以背的袋子（背囊）里。有了这样的袋子，就可以腾出两只手来，这在岩石多的山地里进行勘探时是很重要的。各种矿物的样品放在一起，有时候非常沉重，所以在装袋的时候要注意让袋子里各处的重量分布得均匀些。

勘探回来以后，必须把收集品从袋子里取出来改装在箱子里，以便发送到目的地去，这件事情也应该仔细地做。用纸包得很好的样品，要一个个紧挨着装在箱子里，相互间不要留出空隙。样品装箱的时候无论如何不要填塞干草、稻草和刨花，因为这些东西很容易由于颤动而磨碎，结果样品就会互相碰撞。箱子的重量必须不超过 15 千克，箱子必须制造得牢固，必须用坚固的材料制成。必须尽可能避免把样品装在大而重的箱子里面。

当然，每次收集样品的时候都会产生这样的问题：收集什么样子的和收集多少呢？这个问题很难回答得十分完整，因为只有靠长期的经验和丰富的自然知识才能正确地、很好地收集矿物材料。必须具有艺术家的某种嗅觉，才能使收集到的样品在形状上和颜色上恰好表现所要收集的那种材料。必须设法收集典型的、足够大小的样品，因为太小了就看不出来矿物跟它所处的那种天然环境的关系。同时，收集到的样品（单个的晶体当然除外）最好加以修整，使它们具有比较规则的扁的平行六面体的形状，而且拿尺寸说，最小的样品不应该小于 6 厘米 × 9 厘米，而如果是形成大量堆积的矿物，就不应该小于 9 厘米 × 12 厘米。

勘探回来，收集到的样品都成了无定形的小碎片，根本没有价值，而只是给博物馆和收集品添麻烦，这种情形是多么常见啊！但是也不应该走另一个极端，那就是为了使所有样品都具有完全一样的形状而一律加以修整，结果把美丽而有趣的矿块都破坏了。

在收集样品的时候应该记住：在大多数情况下，勘探回来以后，常常懊悔收集的样品太少。因此，有关任何一种珍贵矿物的材料都要收集齐全，而宁可事后把多余的和价值不大的扔掉，这样总比收集得不齐全好。勘探的人往往把某一种物质收集得很少，而指望自己还会再到这个地方来收集，可是这种指望不是总能实现的，结果他的收集品就不齐全，因而也就没有什么价值。

在野外观察到的一切都要记下来。在勘探者的笔记本里，每一个收集到的样品都应该有观察记录。记录的内容：这种矿物发现得很多还是非常少见，它含在哪一种岩石里面，它是从岩石的本身里还是从岩屑里收集到的，是从小河的砾石里还是从河流的冲积物里收集到的。所有这些观察记录，都应该标上有关样品标签上的号码。至于标签上面，除了号码以外，还应该记上样品的收集时间、收集的准确地点和收集者的姓名。

笔记本里的记录作得完全而又精确，这是有意识的、熟练的收集的最好标志，每一件收集品的价值都是跟记录做得好不好有密切关系的。许多收集品的较严重的毛病之一，是收集者——特别是业余的收集者——总爱把希望寄托在自己的记忆力上。有多少有趣的样品收集到以后没贴标签，因而变得没有价值啊！又有多少收集品的记录作得不完整，甚至全错，只因为勘探者没有在收集的当时立刻好好地做记录而只在事后才凭记忆来修正或补记啊！必须记住，收集品是任何别的人都可以研究的，所以记录一定要注意做好，要做得精确而又清楚，好让别人容易看懂。

遵照上述的一切规则来正确处理的收集品，是具有多方面的价值的。这样的收集品可以让勘探者本人知道哪些化学变化曾经在收集的原地发生过，或者正在那里进行着。了解的情况越全面，收集的结果在科学上和工业上的价值就越大。苏联全国各地，尤其是矿产丰富的地区，从矿物学的观点来看还研究得非常不够，非常不透彻，每一件新的、做得周密的收集工作都必然会提供新的研究资料。因此，每一个勘探者在苏联天然富源的矿物学研究方面都是有可能作出贡献的。但是，要作出贡献的话，单单把矿物收集起来，做好记录，然后包装好了带回来，还是不够的：把矿物带回来以后，还应该加以分类和鉴定，并且跟当地以前所知道的那些矿物进行比较。关于这些工作，大的科学研究机构，譬如苏联科学院矿物博物馆，都非常愿意帮助每一个勘探者，它们在审查了他所收集到的材料以后，还会告诉他哪些材料最有趣，以及此后收集材料的时候应该注意什么。

勘探回来以后，要立刻对收集到的材料进行整理，不能推迟。趁着记忆犹新，可以改正收集工作中的种种缺点，可以把整理好的收集品收藏起来，以供日后使用。

这样来整理收集品，勘探才不会没有结果，有时候还能推动以后的研究工作，使它具有纯粹科学的或实践的性质。

我对收集矿物的意见就要讲完了，在结束以前，我还要把著名的瑞士旅行家和地质学家德·索绪尔的话复述一遍。他说："只有那些知道得多，想得周到的人，他旅行起来才有好的收藏。"所以每一位矿物爱好者在上矿产丰富的地区旅行以前，都应该带着矿物学课本，上一些大的博物馆去参观一下。在博物馆的展览室里，他可以对照着课本仔细观看实物。只有在理论上有了切实的修养以后，才可以到大自然里去进行实地收集的工作。在中国各地旅行过的著名德国地理学家李希霍芬还对索绪尔的话做了一点补充。他说："在研究家所应有的各种工具里面，最有用、最重要的工具是他自己的眼睛。即使是极细微的现象，他的眼睛也不应该放过不看，因为现象虽小，引出的结论却往往很重大。"

7.2 怎样鉴定矿物

矿物收集到了，又运到了家，就应该开始做一件新的、极其重要的工作：鉴定这些矿物，也就是研究清楚这些矿物是由什么组成的，以及它们的名称是什么。这个工作不容易做，因为我们已知的各种矿物和它们的变种大约有 3000 种，可是其中比较常见的只有二三百种。

为了确定石头的名称，首先必须知道它的化学成分，也就是断定它含有哪些金属和其他化学元素。为了这个目的，矿物学上早在 200 年前就想出了一些非常巧妙而又便利的方法。鉴定矿物的主要工具是吹管。把管嘴伸进普通蜡烛的火焰里或煤油灯的火焰里，同时用嘴向吹管的内部吹气，就能使火焰的温度升高到 1500℃。如果用钳子夹住一小块玻璃送进炽热的吹管焰里，玻璃就会熔化；如果送进去的是一小块石英，石英就不起变化；薄的长石块在这样的火焰里会熔成一团白瓷状的物质。不同的石头在不同的温度熔化，这样就能把它们一种种地区别开来。然后把要鉴定的矿物拿来，研成细粉，加水搅拌，放在一小块木炭上，再放到炽热的吹管焰里去。有些矿物这时候会熔化而出现纯净的金属小球——铅、铜、银的小球，有些矿物会在木炭上产生白色、黄色或绿色等的薄膜。还可以把矿物放进细玻璃管里，然后送进吹管焰里加热，那样做的话，管的内壁上就会出现水珠或黑色的、有色的薄膜。

这些实验的每一种，就像化学家说的那样，都能告诉我们一种化学反应。根据这种反应，就能断定矿物里含有什么。

但是单有吹管还不够，为了鉴定矿物的成分，还必须进行化学分析，这就要有一些小的化学试管，一个玛瑙研钵，几只分别盛着各种酸的小玻璃瓶，一根细白金丝等。

有的时候要把矿物敲碎，再放在研钵里研细，然后盛在试管里跟酸或者跟水共同煮沸。这样，有些矿物就会在水里溶解，有些却不溶解；有些矿物能跟酸起反应而放出气泡，有些却跟最强的酸也丝毫不起作用。根据所有这些化学反应，就可以得出一系列有关矿物成分极其重要的结论。但是，单凭这些往往还不能确定这种矿物究竟叫什么。必须研究石头的各种物理性质，测定它的比重，尤其是它的硬度。比重没有专门的天平就很难测定，然而这是一个非常重要的特征，各种矿物的比重都不相同，而且相差极大：有些矿物像水那样重，有些矿物却比水重 20 倍。可是最便利的是根据硬度来鉴定矿物。这就需要按照硬度表，用一套已知的矿物样品来刻画未知的矿物，这些矿物样品，每一个矿物学家都应该有一套，而且应该用专门的盒子装着。滑石、石膏、方解石、萤石、磷灰石、正长石、石英、黄玉、刚玉、金刚石——这个次序就是按照硬度的递增而排列的。

善于应用所有这些方法，善于使用吹管并且根据石头的化学反应来研究石头，我们就能学会鉴定矿物，同时，应当看一些专门的参考书。这些书告诉矿物学家应该怎样一步步去做，做完最后一步，他就知道这种石头叫什么了。鉴定完了以后，应该看看书里关于这种矿物是怎样讲的，应该把自己所鉴定的矿物的颜色、光泽和形状跟书里所讲的比较比较。如果完全一致，那就可以确信自己的鉴定是正确的了。但这时候还应该对这种矿物做一段科学的叙述，并按照所查明的它的成分，把它和在同一地方产出及在周围复杂的自然现象里跟它一同发生变化的那些矿物联系在一起。

7.3 怎样整理和收藏矿物收集品

我们十分确切地遵照前面所讲的、严格的、一定的矿物收集规则，进行了几次勘探以后，已经收集到了好多种石头和矿物。后来我们又鉴定了这些石头——使它们都得到了应有的名称。这样，每一块石头就都有了它自己的身份证，也就是说，我们已经知道它产在哪里，是在什么时候找到的，是谁找到的，叫什么，跟其他哪些石头相类似。

整理矿物收集品的一切条件都具备了。这些矿物，是我们跟学校里的同学或工厂里的同志一同收集到的，现在就让我们大家一起来整理它们吧。

整理工作，可以在已经有了小型博物馆的学校里做，也可以在工厂里做。只要收集矿物的参加者把这个工作做得认真，而不是像常见的那样半途而废，那么所有这些爱好矿物的青年收集者都一定会得到学校或工厂的帮助的。但有些同学起初往往兴致勃勃地收集矿物，甚至还在家里作了分析，而后来……过了半年，却把这件事情忘记了，于是所有的矿物样品都弄乱了，他们心里却尽惦记着滑雪或者转而对植物学感兴趣了，等到有一天他们在屋角里再次发现这些样品时，它们上面已经盖满了灰尘和脏东西了。这种情形是不应该有的。

那么，整理收集品的一切条件都具备以后，接着应该做什么呢？首先要准备一个专门的柜子来收藏矿物收集品——最好是收集者本人会做木工，自己来做一个柜子——像是一个抽屉柜：每个抽屉都不高，只有10 厘米左右，抽屉不要多于 20 个。这样的柜子收藏的石头样品可以多达 1000 件——只要放得合适，种类很多的全套收集品都放得进去。如果有非常漂亮的石头，那就最好再准备一个玻璃柜，四面都安上玻璃，这样就可以把一部分石头，尤其是晶体，很好看地摆在这种玻璃柜的隔板上面。这种装有活动隔板的玻璃柜，并不是总能够买到的——如果买不到，就可以做一个浅的、带格的架子。为了使摆在上面的石头不落灰尘，可以用帘幕或用几张结实的大纸把架子的周围遮住。灰尘是矿物的最凶恶的敌人：它们会深深地钻进石头表面上一切有纹路的地方，使我们不容易把它们清除掉，而矿物又并不是总可以用水来洗涤的，因为有许多矿物会遇水溶解，一洗就损坏了。

收集品有了收藏的处所以后，就该注意：务必把每一块石头单放在一个边缘不高过 1 ～ 1.5 厘米的小盒里。不过几块相同的石块晶体，如果产在同一个地方，也可以放在同一个盒子里。每个盒子里都要放一张标签，也就是比着盒子的大小剪下的一张纸片，纸上写明这是谁的收集品，这种矿物名叫什么，是在哪里找到的——找到的地点要写得详细确切。还应该在标签的背面注明这种矿物是谁和在什么时候找到的。

如果用一种台座，把矿物样品放在上面展出来，那就应该把台座的前侧面切成斜形，再比着斜面的大小来剪贴标签，这种标签当然要写得简单些。

如果石块会把纸弄脏（例如石墨和白垩等的样品就是这样），可以比着盒子的大小切一块玻璃，用这块玻璃盖住标签。

下一步应该是给收集品编号。这个工作最好是这样来做：用一本笔记本，把每次收集到的矿物的名称依次编号登记在上面，同时还要把你找到它们的地方和标签上面所写的关于它们的一切其他的说明全部都登记进去。标签上也要标上这个号码，然后，整整齐齐地剪下一个正方形的小纸片，在它上面写出这个号码，以便贴到矿物上面。贴的时候必须十分细心：不要让胶水把石头弄脏，同时还要把小纸片贴在石头背面不显著的地方，免得样品或晶体减色。

装矿物的盒子应该有一定的安放次序。这个工作有不同的做法。

安放矿物的次序，最好就是矿物学的指导书籍里叙述各种矿物的次序，任何一本矿物学教科书都可以用作指导的书籍。另一种安放矿物的方法是按照它们的产地来放：一个抽屉放所有乌拉尔产的矿物，另一个放所有高加索产的矿物等。最后，如果愿意把各种矿物整理成一套工业收集品，那么极其便利的做法是把所有铁的矿石单放在一个抽屉里，锌和铜等的矿石也各占一个抽屉。还可以把收集品按放的次序改变一下，来布置一个“临时展览会”，譬如，从全套收集品里把所有宝石和有色的石头选出来，先把它们一个个分开陈列，然后把它们分了类再陈列，例如，凡是在熔化的岩浆里生成的矿物都归成一类，凡是工厂需用而又是自己城镇附近所产的矿物归成一类等。收集品不论多么少，也不是什么呆滞、普普通通的一堆石头，而是可以时时刻刻下功夫研究的。

有些青年矿物学家十分精干，非常喜欢收集矿物，结果收集品的件数可能增加得非常快，同时柜子和盒子也很快都不够用了，而定做新的呢——既没有钱，做来了也没有地方放。这样的话，就应该用比较好的样品来代替比较不好的，应该把所有最有趣的样品都选出来——这又是一个既不容易做而做起来又很费工夫的任务。因为这不但必须比较样品的本身，还应该比较矿物的产地，然后把对于全套收集品来说最有趣而又最有代表性的那些矿物挑选出来。为了这样做，常常要把自己的样品跟大博物馆里的样品作比较。从收集品里剔出来的矿物，是我们所说的“复份样品”，这就是说，这些样品我们可以转让给别人来充实他们的收集品，也可以自己用来进行详细的研究，譬如放在酸里溶解，放在火里熔化等。

最后，如果样品越来越多，多到好几百件，那就又有新的工作要做。我们只缺少不多几种石头了，譬如，一切铁矿石都有，而只缺磁铁矿，各种有色的石头都有而只缺孔雀石。这时候，我们就应该设法把缺少的这种矿物样品弄到手来，这可以由自己去收集，也可以托住在矿山上和工厂里的熟人代为收集，还可以向大博物馆要，或者到专门的教学用品商店里去买。

你们看，收集矿物这件事情真不简单。只有十分关心这件事情，肯拿出全副毅力和主动精神来做这件事情的人，才会有一套很好的矿物收集品。

7.4 找矿和探矿

我不能不把罗蒙诺索夫的名言作为这一节的开始，这还是他在 150 多年前所说的话：

现在让我们去走遍我们的祖国，去研究各地的情况，把各个地方分成能出产矿石的和不能出产矿石的，然后到那些能出产矿石的地方去找寻能指出矿产所在地的可靠标志。我们要去找寻金、银等金属，要去采集特殊的石头、大理石、板岩，甚至祖母绿、宝石和金刚石。这条道路是不会枯燥无味的，在这条道路上，虽然我们不会到处遇见宝贝，但会到处遇见社会上所需要的矿物，开采它们会给我们带来不少的利益。

在希比内的山坡上开采昂贵的稀土矿褐硅铈石，只有通过梯子才能到达 300 米高的悬崖上。这张照片拍摄于 1935 年。费尔斯曼站在梯子顶端，为了安全用床单绑住自己

可是他又补充说：“金属和矿物是不会自己跑到我们的院子里来的，要求我们用两眼和双手去勘探矿山。”

这些话，实际上已经把主要的事项都对勘探者说尽了，尽管这样，我还想说几句我自己的话。

前面已经讲过青年矿物学家应该怎样收集矿物，但是我们还丝毫没有讲过怎样找矿和探矿。而矿物学研究的主要目的，却正是这个。谁要是只收集矿物而不动脑筋去想想：收集来的石头可以做什么东西，这种石头有什么合适的用途，那他就不是优秀的矿物学家，不是好的公民。

苏联青年为了专门的研究目的——找矿，而在假期里结队出发，去旅行和远足，近年来已经相当普遍了。

但是，矿产不是那么容易找、容易找到的，必须做一个十分细心而又善于深思的矿物学家，才能在这个问题上作出贡献。优秀的找矿工作者，必须首先了解当地的地质学和矿物学。这样他才说得出来，这个地区有希望发现哪些矿和应该注意哪些矿。根据自己找矿的实际经验，我相信：只有知道自己要找什么、应该找到什么的人才善于找矿，才一定可以找到矿。我记得童年时代去找蘑菇的时候，每次只要找到了第一个白蘑菇，就能听到森林里到处在嚷：“这里也有，这里也有。”

青年矿物学家一定要先对一个地区有了研究（哪怕是根据书本研究的），知道他自己应该注意什么了，再特别注意去找，才会找到矿产。

假定现在找到了一种矿：岩石面上的蓝绿色痕迹告诉我们这里有铜，我们用锤子敲一块下来看看，这块上面立刻露出了黄铜矿的金黄色光泽。

可是，这种铜矿石在这里是不是很多呢——也许只有不多几块可以收集，但也许这里的铜多得可以形成一个完整的矿山吧？

于是研究工作就转入了第二步——勘探。矿物学家、地质学家、地球化学家和钻探工作者都来到了现场，动手发掘刚刚发现的产地。地质

费尔斯曼（右）在寻找放射性矿石，这张照片拍摄于20世纪20年代，现藏于费尔斯曼矿物博物馆

学家画一张地质全图，使大家知道什么地方有什么岩石；矿物学家研究矿石，看看它跟哪些岩石有关，以及哪些地方含量比较多；地球化学家收集材料来进行分析，取得一般所说的“平均试样”并且试求了解这里的铜是怎样形成的，是从哪里来的，以及应该到哪里去寻找铜的储藏区。

勘探工作者呢，这时候就掘探槽：掘开上层的覆土，清除坚硬的石头，开成许多凹槽。遇到覆土多的地方就掘探井（坑），用钎子给坚硬的石头钻孔，把包着炸药的药包塞入钻孔。药包用导火线连着，以便点着导火线来引起爆炸，把岩石炸开。接着就一点一点地打扫矿床，追踪闪亮的小点子去寻找整个矿脉，然后顺着矿脉继续前进，一面向更深的地方进行钻探，一面研究矿脉的构造、宽度以及随着深度加大而发生的变化。

探井和矿井是会被水淹没的，所以接着是开始排水工作。这得利用排水设备或抽水机，发动机和蒸汽锅炉。为了工作方便，就要开辟直通矿区的道路，砍伐森林，用木造的房屋代替普通的土屋。还要兴建锻工场、马厩、仓库和汽车库。矿上当然还要安好钻井架。然后让安着金刚石、伯别基特硬合金或钢砂的钻头，由强大的发动机推动着往岩层里钻进。钻头往下越钻越深，那条被钻成了圆柱体的岩石——岩心——就顺着那安着钻头的长管子的内部，从地下深处升到地面上来。

许多小小的发现积少成多，逐渐变成了一个真正的“矿”。地球化学家鉴定了它的成分，确定了它的成因，地质学家查明了它的形状，算出了它的储量，经济学家把所有这些计算在一起，于是，经过长时间的野外研究和实验室研究，就做出了下面的断定：

铜矿床相当大，矿石的储量是50万～80万吨，矿石里铜的含量值得开采（含量是1.5%），矿床可以使用廉价的露天开采方法，矿区离铁路不远，周围有丰富的森林和水。

这就是简短的结论。就这样，当初那些在蓝绿色的痕迹下面闪亮的黄铜矿小晶体就变成了一个良好的铜矿山的起点。

但是，不要以为每一次发现都会得到这样的结果；比这种情况多得多的是，勘探得不到良好的结果：矿石太少，矿脉向下很快就发生尖灭现象[1]——就此消失了。

但你不要因为得不到良好的结果就悲观失望；结果不大好是不可避免的，不好的结果可以教育我们怎样去识别小小的发现和完整的矿床。得了这样的结果，我们就该拿出更大的精力到别处去寻找和发掘。

勘探是困难的事情，可是很有趣，也有益处。你们就向这条道路迈

1. 矿脉的末端逐渐减薄而插入其他地层，叫作尖灭。——译者注

步前进吧；如果你是个好学深思的、优秀的矿物学家，你就一定会给国家带来极大的益处，你在多次的失败和失望之后，一定会为国家的工业发现新矿区。

“苏联的青年主人翁们，你们有责任知道分散在祖国广大领土表面上的和埋藏在地下的天然富源”——这是高尔基对青年讲过的话。

7.5 在矿物学家的实验室里

我们一起来做最后一次散步吧。各种新奇的印象、新的名词、新的名称和地名，已经把读者搞得相当疲倦了。

但是还要做最后一次努力，到一个秘密的地方去看看矿物学这门科学到底是怎样创立的。

现在我们在莫斯科，在科学院地质矿物研究所的大楼里，这是一个科学研究机构，这里继承着天才的来自霍尔莫戈雷的农民罗蒙诺索夫开辟的道路，用十分精密的物理方法、化学方法和数学方法研究石头。这里研究石头的方法非常精密，所测的距离以 1 毫米的百万分之一作单位，称出的重量要增加到一万万万倍才等于 1 克。

我们先到结晶研究所去。这里用巨大的测角计测量着天然晶体，测量的精确程度达到弧度的几秒，这是由于应用了天文学的方法，所以能把天文学定律用在晶体方面。在这里，结晶学家隔着用小电灯泡照明的放大镜，数着晶体的角度——晶体只有大头针的针头那样大，但是它们总有 40 ～ 50 个极小的闪亮的晶面。接着，结晶学家又用 X 射线研究他的晶体：他在一间屋子里得到了 1 万伏特的电流，再让电流顺着特殊绝缘的导线通到另一间屋子，就在那间屋子里，我们的青年研究家像在轮船的甲板室里那样，隔着窗户控制着他的研究过程。他利用 X 射线就能发现晶体的内部构造。他根据照相底片上所显示的许多点或圈，经过复杂的数学计算，就能知道构成这个晶体的原子的排列方法。

然后我们到另外一间屋子里去。这间屋子用人工方法保持着固定的温度，屋里摆着一些特殊的容器，容器里盛着溶液，由一种特殊的水银调节器保持溶液的温度，使它固定不变；隔着一些玻璃容器的壁可以看见里面有许多巨大的透明晶体，那就是在这些“温床”里用人工方法培养出来的东西。

现在，我们再到地质科学研究所的实验室去。这里的矿物实验室正在制备极薄的薄到1毫米的百分之几的薄片。矿物学家把薄片放在特殊的显微镜下进行观察。他有时让太阳光线透过薄片，有时让电灯光在反射以后透过薄片。他所研究的对象就是那看不见结晶格子的行列的整个光现象世界；矿物学家的研究工作必须特别仔细，才能在核算的时候得到十分精确的数字：小到1厘米的十亿分之几的分数。为了达到这样的精密度，他要进行长期的奋斗，有时候他要用多少个月的顽强劳动才能得到希望的结果。

你们会问，何必为了1厘米的十亿分之几而这样绞尽脑汁、看坏眼睛和花费时间呢?

这类问题我常常听到，但这问题里包括有多少严重的错误认识和有害想法啊!

近年来，世界上的伟大规律恰恰表现在这类小而又小的数字上面，表现在1厘米的百万分之几和十亿分之几上面。根据这类数字跟理论数字中间的差数，可以知道天体运行的速度，微小原子核的结构，物质结构的定律，大物体吸引光线的情况，物体的微粒所受的光压，时间和空间的自然结合形式，以及在活物质的生活里有极小的酶存在等。要解答世界的谜，要识破原子内部所蕴藏的巨大能量，就要靠我们的仪器和观察能够精益求精，就要靠我们能够进行顽强的奋斗去争取在这样的小数后面一再求出后一位的数字来。这样的数字离小数点十分遥远，譬如在零和小数点后的第20位或者第30位：

0.000000……50。

我还想告诉我们的青年研究家：不要着急，要做得精确，要重视精密观察到的和精密测量到的自然现象。现在我们从那几间测定矿物的比重、研究光线透过矿物的情况、研究矿物的电性和磁性、研究矿物的形状、颜色、硬度和结构的矿物实验室，来到了地球化学实验室。如果说，矿物实验室的工作是为测量距离的精确性而奋斗，那么，地球化学实验室的工作就是为称量的精确性、为重量的精确性而奋斗。我们进入了几间黑暗寂静的屋子：专门的光谱实验室和 X 射线实验室。这里有许多大的仪器上面安装着不同长短粗细的管子；从仪器的左方射来了火花似的亮光。光源有的是非常闪亮的电弧，有的是 X 射线的几万伏特的无声放电。这些仪器的用途是确定矿物里所含各种物质——元素的微乎其微的痕迹：去称出小到 1 克的百万分之几的重量，这样小的重量连最精密的化学天平也称不出来；或者去发现矿物中所含有时多达 20 ～ 30 种的元素，这些元素的原子都隐藏在矿物的结晶格子的空间里面。尽管它们的分量非常少，可是我们还是能够让它们的光谱线闪亮一眨眼的工夫，因而让我们发现它们的存在。

从这些黑屋子里出来以后，我们走进了敞亮的、阳光充足的化学实验室。这里是地球化学家和矿物学家的研究场所，他们正在揭露矿物的过去，并且安排矿物将来进了工厂以后所要经过的种种复杂过程。他们在这里把矿物分解成为它的组成部分，为此，有时候要把它用白金锅或银锅盛着放在特别的电炉里熔化，有时要放在玻璃杯或石英杯里加入各种酸共同煮沸，有时要放在大的白金槽里通电分解，有时要用特殊的小匙舀起来送进长长的石英管里加热到发亮发红。矿物在化学实验室里走过的道路很长，地球化学家每次用天平称出了重量都记下数字，譬如二氧化硅是多少，镁是多少，氟是多少。可以想到，在一种矿物里混杂在一起的各种元素如果多达 30 种，把这种矿物分析起来是多么困难，把这些元素的每一种都分离出来是多么困难，所以地球化学家往往要经过好几个星期才能研究清楚一种矿物的秘密。

研究清楚了矿物的秘密以后，地球化学家就转入一个新的任务：设法让矿物在工业上得到利用，指出工厂怎样才能提出矿物里有价值的成分，指出应该怎样利用矿物和在哪些地方利用它们。而地球化学家如果能够在最后一个实验室——试制阶段——用人工方法在烧瓶、坩埚或炉子里把所要制的产品制造出来，他的劳动才算得到了圆满的结果。

我们在地质矿物研究所里到处走了一遍，最后，就到矿物博物馆去休息。这里，地球里的几千种美丽的矿物都在架子上顺顺从从地等待着它们的命运，或是拿去熔化，或是拿去烧掉，或是拿去让强烈的射线通过它。

7.6 矿物学史断片

谁要是想研究透彻一门科学，就不但必须懂得这门科学，而且必须知道它是怎样兴起和发展起来的，它是由哪些大科学家推动前进的。因此，我想在这一节里就俄罗斯的三位在矿物学的发展上起过巨大作用的大地质学家和化学家说几句话。

我要谈的是罗蒙诺索夫、门捷列夫和卡尔宾斯基（А. П. Карпинский），他们的名字应该是谁都知道的。

米哈伊尔·瓦西里耶维奇·罗蒙诺索夫的生活和工作离我们现代比较远：他是一个天才的科学家，从普通的渔民成长为科学院院士，成为了不起的人物，从他出生到现在已经有几百年了。

罗蒙诺索夫完全称得起是俄国的第一个化学家、地质学家和矿物学家。他有许多科学思想，直到现代才在我们的科学上占有地位。他第一个提出了必须查明俄国出产的所有各种矿物这个问题，还指出了这个工作会给俄国带来多么大的益处。他第一个把化学、物理和数学上的精确数据导入地质学，并且指出，科学一定要以精确数字做依据才能成为科学。

德米特里·伊万诺维奇·门捷列夫是跟罗蒙诺索夫非常相似的人物，他是 19 世纪的大化学家，他第一个理解清楚了各种化学元素之间的关系。他很简单地把各种元素按照它们的重量来排列，就这样排成了使得他名垂千古的周期表。他的这个天才的发现，是整个现代化学和矿物学的基础；这个发现不但可以让我们预见实验室里化学反应的进程，而且能够提示我们哪些元素在同一个地方存在，怎样找矿，以及在什么样的地方可以找到什么样的矿产。

最后是俄罗斯大科学家——亚历山大·彼得罗维奇·卡尔宾斯基，他在 1936 年去世。他担任过许多年的苏联科学院院长，是现代很伟大的地

米哈伊尔·瓦西里耶维奇·罗蒙诺索夫的肖像画

在会议中的德米特里·伊万诺维奇·门捷列夫

亚历山大·彼得罗维奇·卡尔宾斯基肖像，选自《大众科学月刊》第51卷，出版于1897年

质学家之一。他第一个在乌拉尔研究了那里各个矿产丰富的地区，他就乌拉尔写过许多非常出名的著作。然而在科学上特别重要的是他在俄罗斯平原的地质史方面的研究工作。他阐明了苏联过去的地质史，指出了那些在不同的地质时代出现在这片土地上的大海，并且查明了使得山岳重叠、整片的陆地隆起、为熔化物从地下深处到地面打开通路的那些灾变和断层作用。在苏联境内的哪些地方可以找到哪些矿产，前面都已经讲过了。现在就请你们再记住这三个名字：罗蒙诺索夫、门捷列夫、卡尔宾斯基。

7.7 最后的劝告

如果读者把这本书一节一节地读完了，觉得矿物学的确是一门有趣的科学，并且愿意进一步学习这门科学，那他应该怎样做呢?

我非常愿意答复这样的问题；老实说，如果许多青年读者都能克服本书中的一切困难而一直读到这一节，那我真是高兴极了。

初学矿物学的人必须记住这样六条规则：

1. 要在大自然里收集矿物，并且就地观察。
2. 要把你的工厂、农田所利用的矿物收集起来，加以观察。
3. 要把收集到的矿物整理成套。
4. 要去参观矿物博物馆。
5. 要在家里培养晶体。
6. 要阅读矿物学方面的书籍。

名词注释

一画

乙炔 水作用于碳化钙而生成的气体。燃烧时发出闪亮的白光，同时放出大量的热。

二画

二氧化碳 一种气体，是碳和氧的化合物。是石灰石、孔雀石和纯碱等的组成部分。

三画

三斜闪石 含有钛、铁和钠的硅酸盐，显黑色，条痕显褐色。三斜闪石很像普通角闪石。

土耳其玉 一种矿物，也叫作绿松石或铜铝磷石，是含有铜盐的铝的磷酸盐，由于含有铜盐而显美丽的蓝色。产在伊朗和中亚。在东方用作宝石。

土壤 由于岩石风化，受到水、空气和各种生物的作用而覆盖在地球表面上的生成物。

工作面 矿山上直接开采矿产的地方。

大气 地球外围的气圈；大气圈分为对流层（从地面起到 8 ～ 10 千米高处）和平流层（高地面 10 千米以上）。

大理石 粗粒状的致密的石灰石，是在地壳的压力下进行再结晶作用而变成的。

万年雪 凝成块状的、经过再结晶作用的雪（比较致密坚硬）。

四画

天河石 浅蓝绿色的长石。伊尔门山有非常好的天河石矿床。

云母 能够劈成极薄的片的一群矿物。在电工业上用作良好的绝缘体。

日射 在太阳光下曝晒，也指射达地表的太阳辐射热量。

水平坑道 地面下水平走向的开采矿石用的坑道。

水泥 石灰石和黏土混合煅烧以后的生成物。水泥加水搅拌，就凝成石头那样坚硬的块状物质。

水晶 石英这种矿物的透明变种，用在无线电技术上。天然产的水晶是美丽的六方晶体。

长石 是铝、碱金属或钙的硅酸盐。约有 50% 的岩浆岩都含有长石。长石用在陶瓷制造业中。

片麻岩 由于遭受高温和高压而变质生成的一种片状岩石，成分近似花岗岩。含有石英、长石和云母。用作建筑材料。

化学元素 不能用化学方法再分的物质的组成部分，像铁、铜、铝等金属和氮、氦、氟等气体都是化学元素。

风化作用 岩石和矿物受到空气和地面上的水的物理作用和化学作用而发生的破坏作用。

文象花岗岩 伟晶花岗岩脉里石英和长石的特殊的结构，形状像古代的文字。文象花岗岩有时候用来制造廉价的制品。

方解石 一种矿物，成分主要是碳酸钙；方解石有一种透明的晶体叫作冰洲石，隔着它看物体能看到两个像。

火山弹 火山爆发时喷出的熔化状态的熔岩，在空气里凝固成为长炸弹形。不大的火山弹叫作火山砾。

孔雀石 一种美丽的鲜绿色矿物，成分是铜的含水碳酸盐。产在铜矿床的上部。

双晶 两个晶体按照严格一定的共生规律结成的晶体，在结晶学上叫作双晶。

五画

玉髓 一种矿物，半透明，微微透光，成分主要是石英（二氧化硅）。玉髓的带状变种叫作玛瑙。

古生代 地质史上的一个时代；地球在古生代生成的各种矿产特别多。

石灰石 由贝类残体的颗粒和骨骼

聚集成的矿物，成分是碳酸钙。

石灰华 沉积在植物周围的碳酸钙。

石青 铜的含水碳酸盐，显美丽的蓝色。容易变成孔雀石。

石英 一种分布极广的矿物，成分是二氧化硅，常常填充在岩石裂缝里，也能形成沙子、沙岩、石英岩和矿脉等。

石炭纪 一个地质时代，煤层主要是在这个期间形成的。在这期间沉积出来的莫斯科盆地的岩石，极能表明石炭纪的特征。

石笋 一种石灰质生成物，从山洞底部向上生长，形状像大柱子；是溶解了钙盐的水在滴落的时候生成的。

石棉 一种纤维状矿物，属硅酸盐类，用途是制造不燃性的织物和板。

石棺 石头制造的棺椁。

石榴石 一种复杂的矿物，有种种不同的颜色（红、绿、黄、白等）。

石膏 分布极广的一种矿物，是含水的硫酸钙。烧石膏是建筑业和医疗上需要用的东西。

石墨 纯净的碳结晶生成的一个变种。石墨是一种柔软的黑色矿物，可以用作润滑剂，还可以用来制造铅芯。

北极光 大气上层的稀薄气体在离地面 600 千米的高空的发光现象。只能在北极附近的一定地带（例如在科拉半岛）看到。

甲烷 由碳和氢组成的气体。甲烷也叫作沼气，能够燃烧，可以用作燃料。

电子 极小的实质粒子，带负电。原子里的电子像云层那样分布在带正电的原子核的周围。

电气石 成分非常复杂的一种宝石，含有硼。颜色非常多种多样（黑、粉红、蓝和其他颜色）。

生物圈 有生物的那部分地壳（里面气体、液体和固体都有）；通常把生物圈的厚度定为 5 ～ 6 千米。

白垩 一种沉积岩，成分是细小纯净的白色碳酸钙颗粒，通常是由有机物残体生成的。

玄武岩 以熔化状态涌到地面或水下的一种火成岩。由含镁和铁较多的各种矿物组成。

六画

地球化学 研究化学元素在地壳里和地下深处分布、结合、分散、集中和迁移的一门科学。

地蜡 石油起变化以后的生成物，

含有天然石蜡，因而具有很大的实用价值。

地震仪 记录土壤震动——地震的仪器。

芒硝 冷天在某些湖泊里沉淀出来的硫酸钠，在里海东岸卡拉博加兹湾里沉淀得特别多。

页岩 由于受到高压而有层状结构的一种岩石。页岩可以劈成板，这样的板有时候可以用作屋顶。

光玉髓 致密的红色玛瑙（玉髓）。在外贝加尔地区和西伯利亚东部出产得很多。

伟晶岩 岩浆的最后凝固部分的生成物，这部分岩浆里充满着各种过热的蒸汽和气体。伟晶岩的主要组成部分是长石和石英，还有少量的云母和稀有矿物。伟晶岩在陶瓷制造业中很有用处。

自然金属 在自然界里偶尔有较大堆聚的某种金属，最常见的是自然金和自然铂（也有自然铜和自然银）。

冰川 大量堆聚的致密的冰块，在夏天并不融化，从山上慢慢滑下来，像是由冰组成的河流。

冰斗 半圆形的很深的凹地，是组成冰川的大堆冰决从山上向下移动时形成的。这样的凹地的口逐渐变成冰川谷。

冰晶石 氟、铝和钠的化合物。产在格陵兰。从冰晶石里可以提取金属铝。

异性石 一种稀有矿物，含有金属锆，显红色。在传说里和诗里，科拉半岛所产的异性石叫作“萨米人的血”。

红土 亚热带的红色土壤，含有大量的铁和铝的氧化物（例如，苏联高加索的恰克瓦附近有红土）。

红宝石 一种美丽的红色宝石，是氧化铝的一个变种。

红绿柱石 也叫玫瑰绿柱石，含有铯元素的粉红色绿柱石。可以琢磨成为非常美丽的宝石。

纤核磷灰石 也叫作磷钙土，是一种矿物，成分是钙的磷酸盐；产在沉积岩里，外观是结核状或层状。跟磷灰石同样用作田地的肥料。

七画

玛瑙 由一层层不同颜色的玉髓组成的带状玉髓（参看玉髓条）。在技术上的用途很广。

花岗岩 由长石、石英和云母（黑云母或白云母）组成的岩石，是地下深处的岩浆结晶而成的。

克拉 宝石的重量单位，等于200毫克。这就是说，1克等于5克拉。

更长环斑花岗岩 花岗岩的一个特殊的变种，风化时容易散碎。

秃干地 地面低洼的部分，表面平坦致密，是黏土质的。在中亚沙漠里是有代表性的。

角砾云母橄榄岩 一种暗色的、几乎发黑的岩浆岩，是在火山爆发的时候在漏斗状的火山口里凝成的；南非洲和美洲的角砾云母橄榄岩含有金刚石晶体。

疗病泥 盐湖的溺谷里的淤泥状黑色沉积物，具有很大的治病功能。

纯橄榄岩 一种暗色的基性岩，成分是铁和镁的各种硅酸盐，橄榄石的含量尤其多。一般的纯橄榄岩容易变成蛇纹岩。

八画

青金石 一种深蓝色的矿物，是制造项链和细工制品的非常贵重的材料。阿富汗和贝加尔湖沿岸地区有著名的青金石矿床。

坩埚 一种高壁的小皿，用瓷质、陶质、石墨或其他耐火耐酸的材料制成。用来溶化盐或金属。

拉长石 属于长石群的一种矿物，由于含有微小的夹杂物而显特有的美丽的蓝色光彩。

拉长石眼 拉长石的晶体，显孔雀羽毛般的蓝色或绿色。

拉长岩 只由拉长石一种矿物组成的岩石。

苔原 没有森林的地表面，只生长矮小的灌木和苔藓植物。在北极圈内是有代表性的。

松林石 沉积在其他矿物上面的矿物（褐铁矿，锰的氧化物等），形状像树枝。

矾 硫酸盐，例如胆矾、绿矾和皓矾依次是含有大量的水的硫酸铜、硫酸亚铁和硫酸锌；矾一风化就失去水而显白色。

矿山罗盘仪 测定岩层倾斜度和走向的角度的仪器。

矿井 地下的竖直开采面，用来开采矿石、通风和排水等。矿井有时候可以深达2000米，甚至更深。

矿块 矿物块样品，常常连着含有矿物的岩石。

转筒筛 筛洗矿物的简单机器，有大有小，作用是把重的矿物跟轻的矿物分离开来。转筒筛的用途很广，特别是在淘金工业上，用它来除掉黏土、砾石和沙子，把金和其他重矿物分离出来。

软玉 一种十分坚硬的绿色矿物。

岩心 圆柱形的石块，是钻探工具钻进岩石以后取出来的。

岩石 矿物聚集成的致密生成物。根据成因，岩石可以分为三类：岩浆岩（即火成岩，是由熔化状态的岩浆生成的），沉积岩（主要是从水溶液里沉淀出来的），变质岩（是由于压力或高温的作用而变成的）。

岩石学 研究岩石的科学——研究的对象是地壳里各种矿物所组成的各种岩石的成分、结构和成因。

岩脉 岩石里的缝隙，里面充满着某些矿物，这些矿物有的是从岩浆里结晶出来的，有的是从热熔液或冷熔液里结晶出来的。

岩浆 充满着各种气体的熔化物，冷却后凝固成为岩石。

钒 一种金属，加在钢里能使钢具有特别宝贵的性质，因而可以用来制造汽车轴之类。

金刚石 碳的结晶的变种。在熔化物里生成。

金的汞齐化 用汞从矿沙、沙子或碎石里提取金粒的方法，汞会溶解金而跟金生成所谓的汞齐。再经过加热，汞一挥发掉，纯净的金就游离出来。

变石 含金属铍的一种稀有的宝石。在阳光下显绿色，在人工照明下显红色。

变质岩 岩浆岩或沉积岩在生成以后又起了变化（变质作用）的岩石。

废石堆 开采某种矿石、盐或石头剩下来的没有用处的废物，从矿山或采石场里运出以后往往在周围堆成整座的大山、小丘和圆锥形体。在这种无用的废石里，矿物学家和研究家有可能收集到非常有价值的材料。

浅井 地面上竖直的小井；开掘浅井的目的是探矿和给矿井排水等。

泥炭 聚在沼泽底部的植物残体，形成大量堆聚的致密物质。泥炭可以用机器切开，干燥后可以用作燃料。

细工品 用金属或其他材料制造的精巧的艺术作品。

九画

珍珠 沉淀在软体动物介壳里的碳酸钙。珍珠显美丽的暗淡光泽，是由于它具有薄的层状结构。

珍珠质 一些软体动物介壳的内层，由薄层的碳酸钙组成，显光怪陆离的颜色。

玻璃 一种人造的物质，制法是使石英砂熔化，再加入些纯碱或芒硝，也可以加入石灰。玻璃也有天然产的，成分也是硅酸盐，那就是火山玻璃，也叫作黑曜石。

挖泥机 漂浮在河上的工厂，用巨大的勺挖出河底的沙子、黏土和淤泥，然后经过一系列的操作把沉重的金或铂的颗粒从河底的这些沉积物里分离出来。

贵橄榄石 浅黄色的宝石，是镁和铁的硅酸盐，呈金绿色。

钙 化学元素，一种金属。

钛 一种稀有金属。用在冶金工业上，又可用来制造白色颜料。

钟乳石 一种石灰质生成物，从山洞顶部下垂成为柱子的形状；是由于溶解了钙质的水从山洞顶部渗透出来进行蒸发而生成的；通常方解石的空隙里或山洞里都有这种沉积物。

钨 一种稀有金属，加在钢里能使钢具有几种宝贵的性质。

氟 一种气态化学元素，通常从地下液态的花岗岩内部逸出到地面上来而生成许多种化合物，其中最常见而在实际上又最重要的是萤石。

重石头 黄玉的乌拉尔土名；它的比重比石英大。

重沙 把比较轻的颗粒和大的砾石分离出去以后剩下的重的矿物和金属（例如金）。

重晶石 一种矿物，是金属钡的硫酸盐。用途是制造上等白色颜料。

炼金术士 中世纪的“化学家”，他们试图研究物质的化学成分，但是他们的主要任务是用人工方法从其他物质里制得金，是发现一种“哲人石”来帮助改变金属，并且希望这种“哲人石”来帮助他们用人工方法在化学器皿里制得活物质。尽管所有这些寻求都是幻想（这些寻求往往得到教会的支持），炼金术士还是奠定了现代化学的基础。

测角计 测定晶体角度大小所用的仪器。

祖母绿 绿柱石的一个贵重的变种，是一种宝石，由于含铬而显鲜绿色。

陨石 从宇宙太空落在地球上的固体。陨石通常含有金属铁。

结核 矿物的凝结块，通常沉积

岩、黏土、泥灰岩和石灰岩里都有结核。

结晶学 研究结晶物质的性质的一门科学。

十画

盐木 生长在沙漠和半沙漠地里的一种古老的植物；枝、干弯曲，还有鳞片状的小叶；在中亚用来代替燃料。

盐沙地 表面平坦而有盐附着的沙地。

砾石 岩石或矿物的小碎块，由于在海水或河水里滚转多年而失去棱角，表面磨得很光。

原子 组成一切物质的极小微粒。

原生水 地壳深处的火成岩所含的水蒸气凝成的水，也就是地球表面上最初出现的水。原生水也叫作深水或岩浆水。

钼 一种稀有金属，添在钢里能使钢具有宝贵的性质。

铀 最重的化学元素，能够逐渐蜕变而分离出镭和其他产物来。铀在今天具有异常巨大的意义，因为它是原子能的源泉。

铁合金 铁跟稀有金属（例如铬、钨和钼等）的合金；是在特殊的炉子里用极高的温度炼成的。

铍 一种极轻的金属，通常跟氧和铝化合而生成绿柱石这种矿物。金属状态的铍可以跟铜制成一种轻合金，用来制造飞机的发动机。

氦 一种气态元素，铀或其他放射性元素发生蜕变时有氦生成。

高岭土 一种矿物，是黏土的主要组成部分，含矾土（氧化铝）、二氧化硅和水。用途是制造瓷器。高岭土也叫作白土或陶土，最初在中国江西景德镇的高岭开采，因而得名。

海蓝宝石 含铍的宝石的一个透明的变种，显海水那样的蓝绿色调。

海蓝柱石 一种稀有的紫色硅酸盐。产在贝加尔。

十一画

菱镁矿 镁的碳酸盐；用途是制造耐火砖。

黄土 细小的泥粒或尘粒组成的岩石（轻的沙质黏土）。

黄玉 一种透明的宝石，显酒黄色或紫色。

黄铁矿 铁的矿化物。用途是制造硫酸——硫酸是现代化学工业的基础。

萤石 一种矿物，是钙和氟这两种元素的化合物。用在冶金工业上和光学仪器制造业上。

萨米 住在科拉半岛上的一个民族。

硅酸盐 硅酸跟铝或者跟其他金属的化合物。地壳里最重要的矿物，例如长石、高岭土和普通角闪石等，都是硅酸盐。

硅藻土 由细小的石英沙粒或硅藻的二氧化硅介壳组成。

硒 一种稀有的化学元素，它有一种特殊的性质，能在光的作用下改变导电率。

蛇纹石 一种分布极广的矿物，可以形成好几种岩石，成分是含水的硅酸镁。在乌拉尔用来制造细工制品。

铝 一种轻金属，可以从各种含铝的矿物里提取。在技术上的用途非常大。

铬铁矿 铁跟铬的化合物；在特种合金的制造上有非常重要的用途。

彩色石头 不同的颜色配搭得特别美丽的矿物和岩石，可以用来制造小巧的艺术制品，也可以用作装饰品。

蛋白石 一种矿物，成分是含水的二氧化硅。有几种蛋白石能显非常鲜艳的晕色。

绿柱石 一种矿物（硅酸盐），约含 12% 的金属铍的氧化物。

绿高岭石 一种稀有的硅酸盐，含铁的氧化物，显苹果绿色。在马格尼特山的储量很大。

十二画

琢磨工厂 这种工厂的工作是把硬的和软的石头锯开、研磨和进行加工，琢磨宝石和制备技术用的石材。

琥珀 古树树脂凝成的化石。最好的琥珀产在波罗的海沿岸。

斑岩 含有一个个大的长石晶体和石英晶体的岩石。

期 地质史上的一段时期，每一个期表明某种延续的地质作用（例如，岩浆的凝固作用和各种矿物的结晶作用）的一个阶段。

硬玉 一种矿物，在性质上非常像软玉。有些硬玉显非常美丽的鲜绿色（产在缅甸）。

硝石 钾或钠的硝酸盐；在自然界里产在沙漠地带。用途是制造肥料和炸药。

硫 一种化学元素，在工业上起着非常重大的作用（制造硫酸和火柴等）。

紫水晶 紫色的水晶，是一种普通的宝石。产在乌拉尔和外贝加尔地区。

辉长岩 一种岩石，主要成分是长石和有色的硅酸盐。

辉绿岩 一种脉状的暗色岩石，含有多量的铁和镁。

晶体 有合于规律的结构的化合物；晶体里的原子分布成一定的行列和格子，因而形状特别有规则，这样的形状是非晶体（例如蜡）和偶然形成的碎石块（例如花岗岩或石英的碎块）所没有的。

晶洞 岩浆岩（尤其是玄武岩）里的空洞，里面充填着某些矿物（石英、玛瑙和方解石等）。

晶簇 某种矿物合生在一起的（成群的）晶体。

喀斯特 也叫作溶解陷穴或岩洞，是石膏和石灰岩被水侵蚀而生成的地形，在这样的地形里有漏斗状洼地、洞穴和地下河流等。

氰化法 从岩石里提取金的一种方法。按照这种方法，金溶解在氰化钾的水溶液里。这种方法在采金业上应用很广。

氮 化学元素，组成空气的一种气体。使氮气氧化可以制得硝酸，硝酸在化学工业上和氮肥制造上非常重要。

温泉 从地下深处涌到地面的热水，往往含有可以治病的成分。

滑石 一种非常软的矿物，很难溶解，有耐火性。许多工业部门都广泛地使用滑石。

十三画

蓝宝石 刚玉这种矿物（成分是氧化铝）的蓝色变种。

蓝铁矿 蓝色的矿物，成分是磷酸和铁的化合物。在泥炭田和沼泽沉积物里，由有机物和骨骼的残体生成。

硼 化学元素，通常含在花岗岩的岩浆里。硼生成许多种挥发性化合物，其中特别值得注意的是硼酸和硼砂，这是工业上非常重要的两种化合物。

锰 一种金属，可以用来制造非常有价值的硬合金。高加索和欧洲东部地区都产锰矿石。

十四画

碧石 一种不透明的矿物，由微小的石英粒堆聚生成，含有各种杂质。碧石的强度和硬度都很大，外观美丽，色调多样，所以在技术上和艺术上都是有价值的石头。

蔷薇花形钻石 把金刚石琢磨成由许多小三角形的面组成的一种形状，就成了蔷薇花形钻石。

蔷薇辉石 锰的硅酸盐，显樱桃那样美丽的蔷薇红色。用作有色的石材（乌拉尔中部）。

碳 一种化学元素；纯净的碳形成金刚石或石墨。

磁铁矿 一种非常重要的铁矿石，例如乌拉尔南部马格尼特山所产的矿石。

镁 一种轻的金属，在地壳里分布极广。

腐泥 在中纬地方（例如在加里宁州）的淡水湖底堆积的淤泥沉积物，是由死掉的植物变成的。把腐泥进行蒸馏可以得到许多种贵重的化学产品。

熔岩 熔化状态的岩石（参看岩浆条），从火山口里涌到地球表面上成为急流或地面覆盖物，然后凝固。

褐硅铈矿 一种红褐色矿物，成分是钙、钠和一些稀土族元素的钛锆硅酸盐。通常以细小的柱状体产出，硬度4。容易在吹管火焰里熔化。是在含有霞石的伟晶岩里跟霓石和云母一道找到的。

褐煤 煤的一个变种，含有多量的挥发性化合物。利用褐煤可以制得人造液体燃料。

十五画

赭石 一种土状矿物，成分是含水的铁的氧化物，可以用作优良的黄色颜料。

橄榄石 一种矿物，是二氧化硅跟镁和铁的化合物。纯净的橄榄石晶体叫作贵橄榄石，可以作宝石用。

镓 一种非常稀有的金属，握在手里就能融化。

十六画

燧石 一种形状不规则的生成物，在成分上跟含有玉髓和蛋白石等杂质的石英近似。通常在深海的沉积物的石灰岩石里形成单个的结核体。

十七画

磷 一种化学元素，在氧气里燃烧时生成五氧化二磷；许多化合物里的五氧化二磷是田地里的极其重要的肥料，五氧化二磷还可以用来制造各种化学药品。

磷灰石 钙的磷酸盐，含氟。

黏土 一种非常细小而又柔软的岩石，有时候有滑腻的感觉，主要成分是高岭土、石英和长石这些矿物的微小颗粒。

十八画

镭 一种发光的金属，它会发出三种射线，放出热，同时本身逐渐变成一种气体——镭射气（即氡气）。

二十二画

镶嵌 把不同颜色的石块、玻璃、木头、骨头和其他材料互相紧挨在一起而组成的艺术图案。

图片版权

p. 008 ：Копытов Георгий, CC BY 3.0

p. 010~011. Ivtorov, CC BY-SA 4.0

p. 012 ：Алексей Решетников, CC BY 3.0

p. 013 ：Frank Schulenburg, CC BY-SA 4.0

p. 017 ：IROCKS.COM/THE ARKENSTONE photo

p. 018 ：Dmitry A. Mottl, CC BY-SA 4.0

p. 020 右图：Ra'ike, CC BY-SA 3.0

p. 026~027 ：別のキツネ , CC BY-SA 4.0

p. 030 ：Pesotsky, CC BY 3.0

p. 032 左上图、左下图：IROCKS.COM/THE ARKENSTONE photo

p. 032 右图：Didier Descouens, CC BY-SA 4.0

p. 042~043 ：Alexander Van Driessche, CC BY 3.0

p. 046 ：MacIomhair, CC BY-SA 3.0

p. 049 ：David Stanley, CC BY 2.0

p. 052~053 ：Tormod Sandtorv, Darvasa gas crater panorama, CC BY-SA 2.0

p. 057 ：Авторство неизвестно, CC BY-SA 4.0

p. 059 ：StrangerThanKindness, CC BY 3.0

p. 060 ：Paul Parsons (paul.parsons@hyphen.co.za), CC BY-SA 3.0

p. 061 ：美国克利夫兰艺术博物馆

p. 067 ：美国克利夫兰艺术博物馆

p. 069 ：纽约大都会美术馆

p. 083 ：Tomomarusan, CC BY-SA 3.0

p. 087 ：Thomas Eliasson of Geological Survey of Sweden, CC BY 2.0

p. 089 ：A.Savin, Wikipedia

p. 090 ：Florstein, CC BY-SA 1.0

p. 092~093 ： Miass, CC BY-SA 3.0

p. 096 ： IROCKS.COM/THE ARKENSTONE photo

p. 097 ： Parent Géry, CC BY-SA 3.0

p. 098 ： Sailko, CC BY 3.0

p. 103 ： Sergei Prokudin-Gorskii

p. 119 ： Lamiot, CC BY-SA 4.0

p. 120 ： Ra'ike, CC BY-SA 3.0

p. 126 ： 杨小咪

p. 134 ： Till Niermann, CC BY-SA 3.0

p. 136 ： Kreislauf_der_gesteine.png: The original uploader was Chd at German Wikipedia.derivative work: Awickert, CC BY-SA 3.0

p. 137 ： Frank Kovalchek from USA, CC BY 2.0

p. 143 ： Евгений Леонидович Кринов

p. 149 ： Benjah-bmm27

p. 150 ： Matthew Dillon, CC BY 2.0

p. 158 ： Junkyardsparkle

p. 160 ： Thomas Quine, CC BY 2.0

p. 173 ： Bin im Garten, CC BY-SA 3.0

p. 175 ： Elkan Wijnberg

p. 185 ： Dezidor, CC BY 3.0

p. 188 ： Parent Géry, CC BY-SA 3.0

p. 191 ： NPS/Jacob Holgerson

p. 199 ： foobar, CC BY-SA 3.0

p. 200 ： ISS Expedition 38 crew

p. 203 ： Commonwealth of Australia (Geoscience Australia) , CC BY 4.0

p. 207 ： Sam Hood

p. 209 ： James St. John, CC BY 2.0

p. 210 ： Pascal Terjan from London, United Kingdom, CC BY-SA 2.0

p. 211 ： Лапоть

p. 214~215 ： Codobai, CC BY-SA 4.0

p. 218 ： John Menard, CC BY-SA 2.0

p. 221 ： Danielarapava, CC BY-SA 4.0

p. 225 ： Jared Stanley, CC BY-SA 3.0

p. 191 ： A.Savin, WikiCommons

p. 240 ： Ayanadak123, CC BY-SA 4.0

p. 245 ： FritzDaCat, CC BY-SA 3.0

p. 246 ： Vmenkov, CC BY-SA 1.0

p. 249 ： Siim Sepp, CC BY-SA 3.0

p. 259 ： Brian Voon Yee Yap, CC BY-SA 3.0

p. 260 ： Paesslergung

p. 265 ： Aram Dulyan (User:Aramgutang)

p. 267 ： Ivar Leidus, CC BY-SA 4.0

p. 270~271 ： Ignacy Krieger

p. 280~281 ： Ivtorov, CC BY-SA 4.0

p. 285 ： ShinePhantom, CC BY-SA 3.0

p. 288 ： Nefronus

p. 300 ：Anastasia Prisunko, CC BY-SA 4.0

p. 014、p. 020 左图、p. 033、p. 041、p. 045、p. 051、p. 061 左图、p. 064、p. 068 小图、p. 071、p. 081、p. 086、p. 095、p. 097、p. 099、p. 133、p. 138、p. 139、p. 163、p. 166、p. 168、p. 169、p. 170、p. 180、p. 182、p. 183、p. 189、p. 190、p. 194、p. 195、p. 197、p. 205、p. 217、p. 253、p. 255、p. 257、p. 277、p. 293、p. 295 矿物照片均由丘雅拍摄

除上述声明版权的图片之外

书中所有矿物照片均由丘雅拍摄